生命と物質
生物物理学入門

永山國昭 ──［著］

バイオソフィア

東京大学出版会

Life and Matter
An Introduction to Biophysics
Kuniaki NAGAYAMA
University of Tokyo Press, 1999
ISBN4-13-062153-X

はじめに

　私には一つの夢がある．生命と物質に橋をかけるという夢である．この夢を実現するのは大変むずかしい．しかし実現した暁に橋から見える風景についてなら想像ができる．私は寂寞とした砂漠の景観ではなく，豊穣な水辺を見ているはずだ．そして，その風景のなかに，永遠のテーマ「汲み尽くせぬ内なる自然」に同一化している自分を見出しているだろう．

　生物は砂や石のような無生物に比べ，かたちが複雑で多様だ．生物を物質との比較でとらえようとした物理学者のシュレーディンガーは五十数年前『生命とは何か』という啓蒙書を著し，生物物理学の答えるべき問題を提出した．彼はそのなかで生物と無生物の違いを「遺伝性」，「非平衡システム」，「分子機械」の三つの言葉で言いあて，その本体を明らかにするよう科学者に求めたのである．その後訪れる生物学上の革命はこの書がきっかけになったといってよい．「DNAの発見」，「非平衡熱力学の生物への応用」，そして「タンパク質の構造決定」，これらはいずれも『生命とは何か』を読み，触発された若き物理学徒によりなしとげられ，現在の分子生物学，構造生物学に足場を与えたのである．

　発展する分子生物学，構造生物学は生物の巧妙さを明らかにし，新しい現象を次々に記載している．そこでわかったことは，生物の世界には小さいモノ（分子）をたくさん集め，複雑な構造をつくるミクロの技術があるということだ．われわれの体のなかにはいわば「天然の技術」がたくさん詰まっている．その"技術"の中味を明らかにすることが「生命とは何か」という根源的問いに対する一つの答になると思っている．

　生物の体のなかに展開する「天然の技術」はわれわれの想像以上に奥深い．たとえば人工的熱機関をはるかにしのぐ100%効率の分子モーターの

働き，現行の並列コンピュータが太刀打ちできない情報処理を行う脳神経系の仕組みなど．これらをすべて理解できるほどにわれわれの科学は進んでいない．しかし生物物理は必ずやそこにいたる探究のルートを切り拓くと信じている．

　本書は無生物系とは異なる生物の特質が，生体のいろいろな階層に見られる特異的構造とその構造に付随する機能から生まれる，という現代生物学の到達点から出発する．生物の構造は要約すれば三つの特異構造に支えられている．一つめは細胞が集積してつくる個体構造．二つめはオルガネラで構成される細胞の構造，そして三つめはオルガネラの構成要素であるタンパク質の構造．こうした構造の階層を本書では通常と逆に大きい方から小さい方へとたどる．
　上に述べた三つの構造の起源を概観し，通底する生成原理を示したのが1章である．生体分子のかたちを支配する熱力学原理，細胞のかたちを支配する物理原理，生物のかたちを支配する力学原理の存在を示した．2章では生体の力学構造を記述する．そして細胞のかたちの構成原理さらに多細胞器官の構造形成に関する新しいパラダイムを紹介する．従来われわれが細胞に対しいだいていたイメージとは異なる，細胞骨格による構造系「テンセグリティ」の存在を示唆し，それを基礎に細胞の生死の調節機構を紹介する．3章はタンパク質と脂質を基本ユニットとする大きな構造体，オルガネラの構造形成について記述する．まずウイルスと小胞体に焦点をあて，幾何学的構成原理の説明を行う．次に膜系の構造を記述する自己集積の統計熱力学に焦点をあてる．4章はタンパク質単体および複合体の構造についてその構成原理を述べる．とくに「アンフィンゼン・ドグマ」という熱力学原理の理解に重点を置く．
　こうした生物の基本構造を基礎に，5章以下は構造に支えられた生物の機能を物理的に説明する．まず5章ではタンパク質の構造変化の熱力学原理を明らかにする．タンパク質変性の熱力学を展開し，タンパク質が示す構造変化をまわりの物理的環境との相互作用変化としてとらえる．そして，タンパク質構造変化を一般的に記述する新しい自由エネルギーの指標，移

相エネルギーを導入する．6章では5章で定式化したタンパク質構造変化の熱力学を，タンパク質を作用中心とする生理作用の解析に応用する．構造変化として活性構造，不活性構造の二つを仮定し，両者の相対比が環境（温度，圧力，化学信号，力学信号）によりどう変わるかを定量的にとらえるパラダイムを提示する．この生理学の新しいパラダイムの応用としてアロステリック酵素の解析，チャネル機能の解析，さらに筋肉の分子機構の解析を行う．

また，本書では生物という素材を通して，物理的モノの考え方を伝えたいと思っている．あらゆる学問に共通することだが，その際，読者は少なくとも「現象と法則」が別物であるということを理解してほしい．

自然現象をわれわれ人間が法則的（主体的）にとらえようとするのである．混み入った現象が，実に単純なルールから容易に生成されるとしても，それは自然の複雑な現象をおとしめる謎解きではけっしてない．千変万化の現象の背後に単純な生成法則の潜む例は非生物的自然にも生物的自然にもたくさんある．たとえば無限にかたちを変える雪の結晶はすべて，水分子をできるだけ高密度に詰めこむという固体の生成原理から説明できる．また草花の花弁数に見られる奇妙な規則性，3, 5, 8, 13, 21, …（フィボナッチ数）は黄金律とも関係し，古来美の規範の一つだったが，その生成機構が成長（原基）細胞間の単純な力学的反発であることが最近解明された．

ここで生成原理は法則を代弁し，雪と花の美しさは目の前の現象を代表している．物理は生成原理に重きを置く．本書も自然科学のこの流れを踏襲する．しかしこの物理学の方法で生命現象のすべてがわかるとはかぎらない．それは，複雑多岐な構成要素の集合から生まれる大規模な単純さという生物の創発的特性を説明できるほど物理学は成熟していないと思うからである．

しかし何を思いわずらおう，起源はともかくわれわれの目の前には説明を待っている充分複雑で面白い生命の構造があるではないか．

目次

はじめに ………………………………………………………………………………… iii

① 生命の構造 ………………………………………………………… 1

1 選択原理 ……………………………………………………………………… 1
2 化学的生物像と物理的生物像 …………………………………………… 4
3 工学的生命観 ………………………………………………………………… 6
    コラム① 階層性　9

② 生物の構造と機能 ………………………………………… 11

1 フラー・ドグマ …………………………………………………………… 11
 1.1 力学的支持系　12
 1.2 シート状組織　14
 1.3 極性をもった円柱の起源　15
2 細胞機能とテンセグリティ …………………………………………… 18
 2.1 細胞と個体の同型性　19
 2.2 テンセグリティ　20
    コラム② ジオデシックドーム　20
 2.3 細胞内の繊維ネットワークと生化学反応制御　24
3 細胞の生と死の力学 ……………………………………………………… 26
 3.1 アポトーシスとネクローシス　26
 3.2 アポトーシスの標準モデル　26
 3.3 骨格系を通じた細胞死調節　29
    コラム③ 分子生物学の方法論と化学ネットワーク　33

③ オルガネラの構造形成 …………………………… 37

1 対称性と超分子構造 ……………………………………… 37
2 ウイルスと小胞体における構造選択 ………………… 40
 2.1 ウイルス　40
 2.2 正20面体の幾何学　42
 2.3 被覆小胞体　46
 2.4 タンパク質の配置等価性　50
3 小胞体，膜系の幾何学と熱力学 ……………………… 53
 3.1 膜系超分子構造の幾何学　54
 3.2 膜の力学的性質　58
 3.3 小胞体集積の熱力学　59
 3.4 小胞体の大きさは何で定まっているのか　61
  コラム④　溶かす水——水の話Ⅰ　65

④ タンパク質の構造と物性 ………………………… 67

1 アンフィンゼン・ドグマ ……………………………… 67
 1.1 「情報」と「構造」　67
 1.2 自由エネルギー最小則　68
 1.3 情報と選択原理　70
2 構造の階層と分類学 …………………………………… 71
 2.1 タンパク質の階層性　72
 2.2 構成単位　74
  コラム⑤　1分子のDNA配列を読む方法　81
3 自由エネルギーとタンパク質物性量 ………………… 83
 3.1 分子内ポテンシャル　84
 3.2 分子動力学によるタンパク質物性予測　89
  コラム⑥　壊す水——水の話Ⅱ　95

⑤ タンパク質構造の熱力学 ………………………… 97

1 化学熱力学入門 ………………………………………… 97
 1.1 水生成の熱力学Ⅰ——平衡論　98

1.2 水生成の熱力学 II ——非平衡論　100
　　1.3 水の熱力学量測定　104
　2 タンパク質変性の熱力学 I ——現象論 ……………………………106
　　2.1 タンパク質の変性　106
　　2.2 変性の本質と計測　109
　3 タンパク質変性の熱力学 II ——分子論 ……………………………112
　　3.1 要素還元という考え方　112
　　3.2 Tanford モデル　114
　　3.3 Ooi & Oobatake モデル　119
　　　　コラム⑦　化学量論性　123
　4 タンパク質の安定化戦略 ……………………………………………125
　　4.1 変性の逆現象としての安定化　125
　　4.2 タンパク質の会合　127
　　4.3 移相エネルギーと溶解度　130
　　　　コラム⑧　好む水と嫌う水——水の話 III　132

⑥ 生理機能の熱力学原理 …………………………………135

　1 機能の移相エネルギー表現 …………………………………………135
　　1.1 タンパク質変性から生理作用へ　135
　　1.2 化学平衡から透析平衡へ　137
　　1.3 生理作用と移相エネルギー　140
　2 生理機能の調節機構 …………………………………………………141
　　2.1 生理作用の恒常性と調節　141
　　2.2 ヘモグロビンの酸素吸着調節　144
　　2.3 ナトリウムチャネルの調節　151
　　　　コラム⑨　重い水——水の話 IV　159
　3 酵素作用の移相エネルギー表現 ……………………………………160
　　3.1 酵素反応の自由エネルギー表現　161
　　3.2 移相エネルギー的に見た酵素反応調節　165
　　3.3 ATP 共役酵素反応とアロステリズム　167
　　　　コラム⑩　エントロピーと富の偏在　173
　4 筋肉の収縮機構——分子機械論 ……………………………………178

4.1 筋肉滑りモデルの熱力学　179
4.2 化学-力学エネルギー変換の分子機構　183

おわりに …………………………………………………………193
索引 ………………………………………………………………199
図表出典一覧 ……………………………………………………209

① 生命の構造

1 選択原理

科学的モノの見方の最新のものをここで紹介しよう．それは選択原理と総称され，物理以外にも多くの分野でかたちを変え見られるものである．たとえば自然選択（natural selection）などがそれである．

「無から有は生まれない」ことを物理はいろいろなかたちで法則化してきた．たとえば「物質不滅の法則」．しかしこれは「エネルギー不滅の法則」にとって代わられた．さらにまた少し表現法を変えて「運動量の保存則」，「角運動量の保存則」，そして「パリティ保存則」などもある．これは「モノゴトは生まれない．すでにそこにある」という宇宙の一つの真理を体現している．ではビッグバンで宇宙が生まれ，地球が生まれ，地球上で生命が誕生し，細胞が生まれ，トガリネズミが生まれ，サルが生まれ，ヒトが誕生したのをどう説明するのか．保存則は新しく生まれないことを法則化したのだから，もちろんこれらの誕生を説明できない．そこで登場するのが選択原理である．それはやはりいろいろなかたちをとって物理のなかに現れてきた．

力学において最速降下線というのがある．質点が一様な重力場で運動するとき，2点間を結ぶ可能な軌道のうち最短時間を与えるものが実現される軌道曲線であるというものである．これは力学における「ハミルトンの最小作用の原理」を導いた．この考え方はかたちを変え，光学における「フェルマーの原理」や量子力学における「ファインマンの経路積分」となって再現されている．こうした可能な軌道，もしくは状態のなかから一つを選ぶ（選択する）原理を，物理では変分原理と称しているが，これはまさしく選択原理の物理的表現なのである．これにより「何も生まれない」

という科学的真理と「何かが生まれてきた」というわれわれの一般的な感覚の間におり合いをつけることができる．

　すなわち科学はまず可能的存在から出発する．現に目の前にある現実にとらわれすぎないで，可能性を広く見渡す．その上ですべての変化も誕生も可能な組み合わせのなかからの一つの選択過程であると考えるのである．たとえば恒星ができるときにはほとんど同時に惑星も生まれる．できた惑星にもいろいろな条件の組み合わせがあるだろうが，そのなかでたまたま地球は水を保持し，適度な温度であったため生命の誕生に都合がよかった．これは偶然という考えを前面に出した確率的選択原理である．ともかく前提として，惑星というものが可能的存在でなければならない．すでに述べた多くの変分原理のように，偶然（確率）を前面に出さず，モノゴトが決定的に決まっていく場合は，いかにも「物理の法則」らしいと感じられる．だが，決定的過程も確率的過程も膨大な可能性のなかからの選択という意味では同じであり，ともに選択原理として統一的に語ることができる．

　これが新しい科学的モノの見方であり，本書でも2章以降，フラー・ドグマ，アンフィンゼン・ドグマ，生理作用の熱力学原理などあらゆるところに使われている．

　われわれは地球上の生物の多様性について驚きをもって語る．しかし，よくよく考えるとまったく驚く必要などはない．物質間の複雑な組み合わせはすぐに膨大な数になる．これは「組み合わせの爆発」と呼ばれている現象で，世のなかを複雑にする根本原理の一つである．だから可能なモノのすべての組み合わせの数から考えれば，地球上の全生物種の推定数，1000万-3000万はむしろきわめて少ないと感じられる．生物の体の各部分の構造も，構成成分であるタンパク質の構造も，その可能態は10^{500}くらい，すなわち宇宙の全物質の数（素粒子数＝10^{80}）の6乗（6倍ではない）ほどあると考えられる（可能なタンパク質の総数については4章参照）．可能的存在がこれほど多くなるとわれわれは何かが選択されたとき，「選択」というより何かが突然「生まれた」という表現をしたくなる．しかし，何かは生まれたのではなく，あくまで選択されたのである．この非日常感覚を磨くことが科学へのステップを一つきざむことになる．

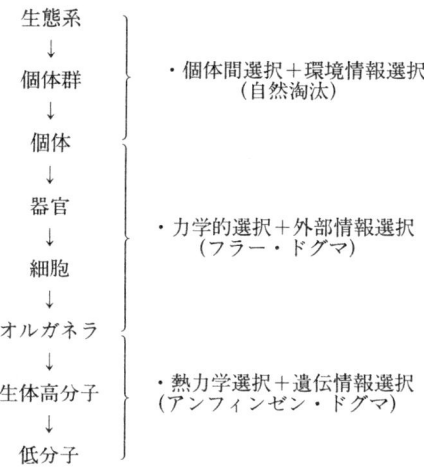

図 1.1 生物の階層構造と選択原理

　ここで生物の階層構造を選択原理の立場で眺めてみよう．すなわち各階層がいかように存在しているかを選択原理で考えることとする．

　図 1.1 には低分子から生態系にいたる生物の階層構造を選択原理でつなぐ試みが示されている．第一段は熱力学原理の働く最下層．ここの選択原理をアンフィンゼン・ドグマと名づけた．生命の一番底の部分では物理法則がそのまま構造決定や生理作用に使われているはずだという考えである．第二段めは細胞，細胞レベル以上のかたちづくりである．このレベルの現象を統括的に記述する選択原理をフラー・ドグマが提供する．複雑な細胞現象のダイナミックスや，多様な環境応答，組織の発生，形態形成がはたして新しいパラダイムで説明可能だろうか．第三段めの個体を単位とした生物世界になると，ある意味で再び単純になる．個体（私やあなた）というものを明確に定義できるがゆえに，個体間の選択原理を適用できるからである．個体間の競合や環境への適応から生まれる自然淘汰（選択）がそれである．

　図 1.1 には耳慣れない言葉，「情報選択」がでてくる．本書における生物の見方の革新性は，遺伝情報のような情報を非物理的選択原理ととらえるところにある（4 章 1.2 節参照）．「情報は物理的起源をもたない」こと自体が自然法則といってもよい．この見方は，また，生命の起源に物理的

必然性がないことを含意している．すなわち遺伝という情報の伝達および蓄積機構が，まったく偶然に生物システムの特質として生まれたと考える．そのことが決定的に稀であるがゆえに，たぶん全宇宙で生物の存在はこの地球に限定されると私自身は考えている．

自然選択は本質的に情報選択の現象であるため，物理では扱えない．したがって，本書でもっぱら扱うのは図 1.1 に示す第一段（アンフィンゼン・ドグマ）と第二段（フラー・ドグマ）の階層である．

2 化学的生物像と物理的生物像

連続的でひとつながりの現象に切れめを入れ，記号を与え，モノ化する．これがわれわれの認識の癖である．こうすることでわれわれは対象を理解したと考える．たとえば分子生物学における信じられないほど多くの新しい遺伝子名とタンパク質名にそれが現れている．こうした傾向は私に解剖学における人間細部の 1 万を越える命名を思い出させる．しかし記号化と分節化が度をすぎるとその学問は嫌われるようになる．さらに，思考の経済のためにモノ化は究極的には数字にとって代わられる．そこで生物の特徴を自然数とできるだけ少数の記号で記述してみよう．この一つ一つの数と記号には先人たち，とくに生化学者の汗が結晶しているといってよい．

（生）化学的に見た生物とは
① 巨視的な系（100 兆×100 兆の原子数）
② 複雑な化学反応ネットワーク（代謝の普遍性）
③ 少数の元素（C, H, N, O, P, S）が素材
④ 化学反応の舞台は水中または水との界面（生物重量の 60-70% が水）
⑤ 基本の構成分子は 30 個
　　20 種のアミノ酸，5 種の核酸，2 種の糖，2 種のアルコール，1 種の飽和脂肪酸
⑥ 基本の高分子型は 4 種（前駆体を含めこの 4 種の分子と水で生物重量の 99% の重さを占める）
　　タンパク質，DNA，多糖類，リン脂質

⑦　細胞が生命の最小単位（人間で約60兆個の細胞）
⑧　比較的少数の細胞種（約100）
⑨　細胞における膜構造の普遍性
⑩　生物の情報は「運動」ではなく「構造」に蓄積されている
⑪　遺伝暗号の普遍性（母性遺伝するミトコンドリアには例外がある）

　生きていることをエネルギー流，運動などの生物活動ととらえる人には上であげた生物要件の⑩は不可解かもしれない．しかし低温生物学の実験から，大腸菌はむろん，小さな昆虫程度なら凍らせておいても死なず，永久保存ができることがわかっている．これは生物の情報が「運動」や「散逸系」ではなく「構造」（遺伝構造，タンパク質構造など）に保持されていることの端的な証明である．人間を凍らせて永久保存することができないのは，瞬間的な凍結と解凍の技術がないからである．氷の結晶は成長するときに細胞自身を破壊する．細胞内の水を1秒間に1000度ぐらいの速さで急速に凍らせると非晶質氷になり，細胞破壊の危険性は小さくなる．だから凍結技術は小さな生物精子や線虫のような小動物には応用することができる．

　私は法則的理解を好むので，上とは異なる生物の描像をもっている．「生命とは何か」という問題への私の答は，物理的生物像とでも言うべきもので，化学的生物像とは大変異なっている．物理は化学に比べると，モノよりコトに重きを置く．

物理的に見た生物とは

①　既存の物理法則にすべての時空スケールで従う．新しい物理原理を生命のダイナミズムは必要としない．

②　ただし，歴史的，進化的，情報的側面は物理の扱えない外側の，生物独自の領域である．

③　遺伝暗号は物理的基礎をもたない．それは言語と同じくシステムの性質である．

④　生物の階層構造は下位の（原子的）要素相互作用と，それによって生まれる上位の（統合的）組織機構からなる．各階層レベルは「構造」の創発に伴う独自の規則をもつ．

⑤　生体系はけっして反熱力学的でも反エントロピー的でもない．生体系の秩序度はエントロピー的に見ればむしろ通常の固体，たとえば石より小さい．その特徴は秩序の量ではなく，質（特殊化）にある．

⑥　生体系は平衡から離れているが，対流に見られるような極端非平衡にはなく，平衡近傍にあり，定常系として存在している．生物の恒常性は平衡近傍の変分原理と自由エネルギー流による非平衡性維持の，両者の共役で行われている．

生命をどうとらえるかは，分野により相当開きがあることがわかる．ただし化学的理解の方が具体的で一般には受け入れやすいかもしれない．本書においては二つの生物像の融合を図り，さらにその先の生命像を提供したい．

現在，物質から生命，さらに社会にわたる広い分野で，「複雑さの科学」が打ち立てられようとしている．複雑さという指標で生物を眺めると，生体系はまったく異なる様相を示す．生物はナノメートルスケールの世界に展開する「自律的技術の集大成」，という新しい生物観，生命観が生まれる．

3 工学的生命観

生物の動き，働きは一見神秘的だが，それは生物が極端に小さく，たくさんの構成ユニットからできているためであろう．生物の大きさが現在の100万倍あったらテレビ，自動車のようにその働きは明解で何の神秘も見出せないに違いない．これは現代版の機械的生命観として多くの生命科学者が同意しているところである．そしてこの考えの上に立って，生物現象を目に見えるかたちにする努力がつづいている．これは一見，生物をシステムとしてとらえる立場と対極のように見えるが，必ずしもそうではない．複雑な対象を昔から扱ってきた工学という文脈のなかでとらえ直すと「天然の技術」という新しい生命像が見えてくる．そのなかでは機械とシステムが共存している．

問題は，複雑度が同程度と考える二つの系を比べることにある．物質と

表 1.1 二つの工学系の機械要素の比較

生物の機械	人間の機械
微小管，繊維	支柱，ケーブル
細胞壁，外骨格	壁，組枠
鞭毛モータ	回転モータ
筋肉すべり機構	リニアモータ
アロステリック変位	差動ギア
小胞	袋，容器
血管	輸送ダクト，パイプライン
原形質流動，繊毛，心臓	送液，ポンプ
酵素	触媒，はさみ
タンパク質-基質結合	のり，クランプ
抗体，分子認識	分別吸着，選鉱

いうのはもっとも複雑なものでも高分子，ゲル，セラミック程度の複雑さであり，生物のような複雑さをもっていない．もし東京という都市を100万分の1に縮めたらどうなるだろう．これはきわめて複雑な対象に違いない．約50 cmとなったその都市の仕組みをどう研究するか．きっと多くの人が生物学と同じようなアプローチをとるはずだ．そしてそれらの構造，機能，働きを見ていくと，最後に技術を主軸とした工学の体系があると気づくだろう．たとえば電車が動き，機械が動きモノが運ばれるなどのように，50 cmに縮まった都市の物理学はきっとその工学系を対象とするだろう．生物体を「生物の工学」系と呼ぶのはそうした対比に触発されてのことである．

たしかに表1.1のように両者はまず機械的要素として多くの類似物をもつ．たとえば細胞のなかの微小管はケーブルのようだし，神経繊維は電線のようだ．細胞内の小胞体はやわらかい容器だし，毛細血管は都市のパイプラインである．酵素のようなタンパク質は分子に対するはさみやのりの役割をしている．生体の要素はそれ自身が微小の道具であり，機械のようなものなのだ．次にこうした対比が単なる類推以上のものかどうか見るため，生物の階層構造に対応した工学諸分野の階層を考えよう（表1.2）．

分子からはじまって人体にいたる生物の階層は都市全体がもつ技術の全体とよく対応するのがわかる．こうして見ると私たちの文明は五感と五体の外部世界への拡張だということが納得できる．すなわち，こと技術に関

表 1.2 複雑さが同程度と考えられる二つの工学系

生物の工学系	人間の工学系
分　子	部　品
生体高分子	道具，単純機械
超分子	複合機械
細胞内器官（オルガネラ）	建造物
細　胞	大型プラント，工場
心臓-循環器	輸送機関-道路
肝　臓	ゴミ処理工場，各種発電所
脳-神経網	コンピュータネットワーク
人　体	都　市

表 1.3 工学原理の展開

$$\text{工学における二重制御} = \begin{pmatrix}\text{科学法則}\\（\text{自然法則}）\end{pmatrix} + \begin{pmatrix}\text{技術要件}\\（\text{境界条件}）\end{pmatrix}$$

	生物機械	工学機械
自然法則		
力，運動	分子間力，拡散	機械力，エンジン
境界条件		
素　材	分　子	物質（材料）
設計仕様	遺伝子（DNA）	設計図（人間）
環　境	細胞，個体，生態系	装置，工場，社会

しては「天然の技術」がわれわれの文明技術よりはるかに先輩なのである．むろん，われわれの工学には表 1.2 に載らない多くの分野，たとえば電子工学，航空工学，原子力工学などがある．これらの「人間の工学」の多彩さと複雑さは総体として「生物の工学」のそれを数段しのぐ．生物の技術には何といっても「分子の化学進化」を起源にもつという強い制約があるためである．

　最後に二つの工学は表面的類似のみならず，そのモノづくりの工学原理も同じであることを示そう．表 1.3 に工学におけるもっとも重要な考え方とその展開を示した．われわれの日常世界のモノづくりは自然法則を前提とし（必ずしも意識はしないが），いろいろな境界条件（工作機械，手順，設計図）を与えることで成り立っている．たとえばコンピュータチップの作製を見ると，多くの物理化学的プロセスと機械的加工プロセスを含むが，

作製行程すべてを外部から，いわば実験条件のように準備しなければならない．このような外部与件としての非平衡性の維持（エネルギー消費）が工学の特徴である．この非平衡性の維持という特徴は生物（自然）の工学にも見られる（5章，6章参照）．ただし生物の場合は，境界条件や非平衡性の維持を外側からの手助けなく，個体内で自律的につくり出さなければならない．このとき生物各階層において上位レベルの構造が下位レベルに対し外部与件や外部環境となる．しかしこの上位，下位の関係は一方的なものでなく，遺伝子決定のように最下位レベルが最上位の個体を支配しているようにも見える．ではこの階層レベルを越えた情報的つながりはどのような原理によって生み出されるのか．本書はこの問いへの一つの答を与える．

コラム① 階層性

階層を英語で hierarchy という．これはギリシアやローマカトリックの聖職者の位階性を語源としており，もともと，図1のピラミッド型のイメージから出発した．社会組織，軍隊組織，さらに宇宙の構造などもこのイメージのもとに語られる．階層性は，また図2のような逆樹状型として表示される．これは要素の構成数が下にいくに従って多くなることをうまく表現しており，人気が高い．実際多くの専門書や教科書で使われている．しかし，図1，2ともに，矛盾を含んでいる．なぜなら部分

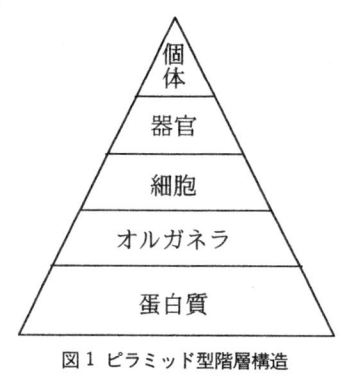

図1 ピラミッド型階層構造

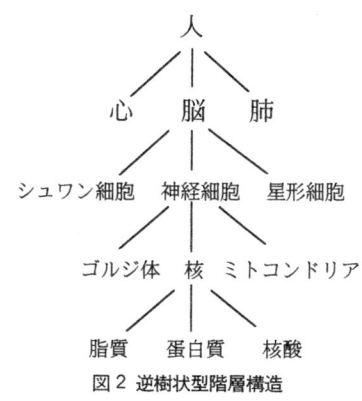

図2 逆樹状型階層構造

図3 マンダラ型階層構造

が全体より大きいという不可思議な逆転構造を内包しているからである．

私はこの問題に長いこと悩んだ．そして最近，階層という言葉と，それから連想される図1,2の心象イメージが，根本的に誤った文化的虚構であることに気がついた．正しい自然界の階層性のイメージ，とくに生物のそれは図3でなければならない．これは次の点でピラミッド型構造と異なっており，より有効な視覚化だと思う．

① 上位（この表現自体が誤っているが）階層の方が大きな構造として下位階層を内包している．

② 上下関係という支配―被支配の関係と無関係である．

図3の場合，むしろ部分なしでは全体が立ちいかないとみれば，従来では上位とされたものが，むしろ部分の支配を受けているとみてもよい．そして何より重要なのは，次である

③ 階層性が潜在的にもつ自己相似性（フラクタル性）を直観的に表現している．

たとえば2章の2で述べる人体と細胞の自己相似性はこの図から一目瞭然である．図3は東洋的心情がつくり出した宇宙の図，仏教のマンダラにとても近い．私たちの祖先は，世界がこういうものだと考えていたわけで，ピラミッド的階層構造の世界をイメージしていたわけではない．このことに気がついたとき，とてもほっとしたのを覚えている．

② 生物の構造と機能

1 フラー・ドグマ

　分子生物学の研究が非常に活気づいている．生物学の先端的な発見は現在ほとんど分子レベルで行われている．一度分子の世界の現象に慣れてしまうと，逆に身のまわりの等身大の生物世界が風変りなものに見えてくる．分子機械という言葉が生まれ，常識が逆転する．しかし，かつてデカルトはすなおに人体を機械になぞらえた．彼は分子ではなく等身大の生物の諸器官が機械と同じように働くととらえたのである．

　人間のような大きなスケールの世界では，重力と機械力が現象を支配する．一方，小さな分子の世界では，分子間力が主たる現象の駆動力だ．分子間力支配の世界を扱う分子生物学と，重力支配の世界を扱う個体生物学では，もともと住む世界が違うのである（これについては「おわりに」を参照のこと）．分子生物学が発展し，分子の世界がわかっても，この断絶，分子と個体（人間）の断絶を乗り越えなければ，日常世界に展開する等身大の生物現象を理解したことにはならない．そのためには，分子間力支配と重力支配の両世界の中間に位置する，細胞，組織レベルの構造原理が見えてこなければならない．図1.1の階層構造を見ると，個体と分子の中間レベルに独自の選択原理，フラー・ドグマが示されている．すなわち「最少材料で最大の力学的安定性」というフラー・ドグマ (Fuller dogma) が，二つの世界の溝を埋める (p.20のコラム②参照)．具体例を見ながら，その内容について説明しよう．

　等身大の生物の現象では，とくにかたちが重要である．そもそも生物分類の基礎はかたちであった．さらに生物のかたちは重力に拮抗する個体の生きる機能と直結している．もっと正確にいえば，かたちは力学的支持系

(機械的なかたち)として生物の生き方を規定する．ミミズのような細長い虫，カブトムシのような甲虫，魚，鳥，木，草，すべてみな，かたちは生き方(運動の仕方，栄養のとり方，生殖の仕方)と深く関係しているのがわかる．個体レベルでは構造(かたち)が力学的支持という機能と結びつく．その意味で本書を通底する主題「構造と機能」のパラダイムの一角を生物の「かたちと力」が占めるのである．

1.1 力学的支持系

生きもののかたち(力学的支持系)は外からのいろいろな力に適合してかたちづくられてきた．たとえば，力の衝撃に抵抗する頭蓋骨，力を伝達する手足の筋肉，体を支える骨など．これらは力学的強さでかたちを保ち，さらに伸びたり曲がったりすることにより，破壊をまぬがれる．力学的支持系を骨格と呼ぶことができる．この際の骨格には，変形しにくい骨や殻，そうした固い部分をつなぎ合わせるしなやかな靭帯，筋肉などが含まれる．

生物には表2.1に示す3種類の支持系(骨格系)がある．分枝円柱，動的骨組構造，静水系の3種である (Wainwright, 1988)．分枝円柱の支持系をもつ代表的な生物は木で，これは関節などはもっておらず，円柱形をした根，幹，枝が途切れることなくつながっている．動物ではサンゴ，カイメンなどがこの支持系をもっている．いずれもすべて固着生活をし，体を動かさない生きものたちである．

動的骨組構造とは，固い材料でできた要素が関節を介してつなぎ合わされた構造で，脊椎動物の骨格系がその典型である．骨組構造は建造物に見られる代表的な構造で，鉄骨を組んでつくられるテレビ塔や高層ビルから日本建築まで普通に見られるものである．建物以外にも，自転車，ベッド，

表2.1 力学的支持系(骨格系)

	構　造	例	特　徴
1	分枝円柱	木，サンゴ，カイメン	動かず固定．
2	動的骨組構造	脊椎動物や節足動物の内骨格系や外骨格系	骨どうしをつなぎ合わせ，引っ張りに耐え，屈曲性を与える．
3	静水系	草花，ミミズ，イカの足，舌	水を包む膜であり，水圧に耐え，かたちを与え，力を伝える．

テーブルと，身のまわりのいたるところに骨組構造を見ることができる．ただし人工物の骨組と異なり，動物の骨組は，骨組自体が関節のところで動きうるところに特色があり，そのために動的骨組構造と呼ばれる．骨組が変形できるから運動が可能となり，また骨組が固いから姿勢が維持できる．

静水系は，ミミズに代表されるような，体がやわらかく骨をもたない動物に見られる支持系である．これはわれわれの常識と異なる生きものである．なぜなら分枝円柱にせよ骨組構造にせよ，主役は固いもの（骨）であった．ところが，静水系では皮，筋肉層などの袋が主役を務めることになる．では，固い材料をもち合わせていない，いろいろな小動物たちは，どのような理屈で体のかたちを保っているのだろうか．

後楽園のドーム球場は，静水系と同じ膜構造でつくられている．これを例にして，静水系の力学的支持を説明しよう．ドーム球場は，大きな袋（膜）に空気を送り込んで膨らませた巨大な風船である．ドームをつくる膜が張力に充分耐えれば，かたちは内圧と外圧の差のみで保たれる．同様に，静水系は水の詰まった袋と見なすことができる．たとえば草花が水不足でしおれるのは水による膨圧がなくなるためで，水を補給すればすぐもとのかたちに戻る．これも静水系の一種と考えられる．

力学系として見た生物の体のもう一つの特徴は，そのかたちが円柱もしくは円柱の分枝体（分枝円柱）だということである．しかもほとんどの場合，なかが中空，もしくはやわらかい組織である．中空円柱は生物が大きくなり，重力や流れの力に抗し体のかたちを保とうとするとき，力学的にもっとも都合のよいかたちである．少ない材料で最大強度（これは建造物における最適原理＝選択原理である）を与えるからである．構造力学の常識だが，同一断面積で種々の形状をとらせるとき，曲げの外力に対し，あらゆる方向からもっとも強く抵抗するのが中空円柱である．図2.1にさま

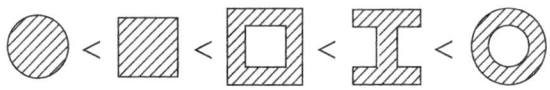

図2.1 さまざまな断面（同一断面積）をもつ柱の強度の比較
生物は中空円柱を好む．

ざまな断面(同一断面積)の柱について強度の順番を示した.

1.2 シート状組織

骨格に筋肉層と皮をつけると大体一つの動物個体ができあがる.骨格系が分枝円柱体なので,当然それにまといつく皮も分枝円柱である.ここで人体と外界の境いめ,上皮系に注目すると,それが内へ内へと折りたたまれ,全体としてひとつながりの巨大シートをつくっているのがわかる.体の内部に折りたたまれたシートは,表面積を大きくするため多くのヒダをつくる.つまり複雑なわれわれの体も,皮と筋肉層の部分はひとつながりのシート構造の変形として単純化できる.人体の場合を例にとり,シート構造を図2.2に模式的に示した.

ヒトの体に口から肛門までトンネルが通っている.体の表面を覆っているシートのつづきぐあいを考えると,頭の皮膚から口を経て食道や胃,腸の内側の表面につながり,肛門で再び皮膚につづいている.このシートが体の内外を仕切っていると考えれば,胃のなかは外である.食物を食べても,胃や腸のなかにあって内表面シートを通過しないかぎり,まだ外にあ

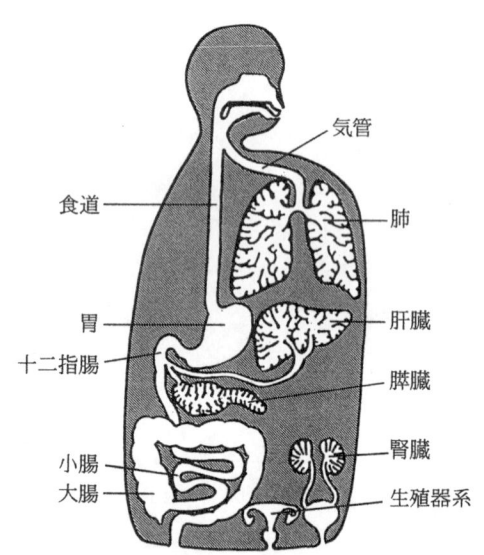

図2.2 人体と外界との境界を定めるシート構造(上皮組織)

るといえる．このシートを上皮細胞と呼ぶ．

　肺や肝臓は食道や十二指腸から分岐した，いきどまりのトンネルである．これらの内表面は，やはり上皮シートで覆われていて，食道や十二指腸の内表面につづき，結局は外側の皮膚とつながっている．皮膚組織の他に血管系なども上皮組織でできているが，この場合は骨格系と同じ明確な分枝円柱がかたちの基本である．組織にはこの他に神経組織などもあるが，そのネットワークもニューライト (neurite) という分枝円柱の集合である．

　次にこうしたわれわれの体（多細胞体）の円柱状形態の起源を考えよう．

1.3 極性をもった円柱の起源

　多細胞系の複雑な体も当然単細胞から進化した．ではどのような性質が単細胞に加わると，多細胞系および今日的な体，円柱状体形が生まれるのか考えてみよう．

　米国のバイオメカニクス学者であるウェインライト (Stephen A. Wainwright) の説をもとにすれば，単細胞に四つの新機能（属性）が加わり，円柱状の多細胞体ができあがったと考えられる．付加した新機能とは以下の四つである．

① 細胞間接着：現在の多細胞系では接着装置としてデスモゾーム，ギャップ結合，タイト結合，アドヘレンス結合など多くの例が知られているが（図2.3参照），ともかく多細胞系の第一歩は細胞をつなぐところからスタートした．

② 細胞外基質：細胞を支える支持層を細胞外に高分子の重合体としてつくる．これは細胞に都合のよい環境を自らつくることでもある．コラーゲン繊維や多糖類を中心とした組織体で，天然繊維の羊毛や絹，昆虫の外骨格質，キチン，甲殻類のクチクラがその例である．われわれの骨も基質と細胞の集積体である．細胞と基質との接着には，インテグリンを主成分とする接着斑という分子装置が使われている（図2.3参照）．こうして細胞基質は細胞間を間接的につないでいる．

③ 細胞骨格：細胞のかたちを保ち，細胞接着に拮抗する力を与えるためには，細胞内に骨格支持体をもたなければならない．このために

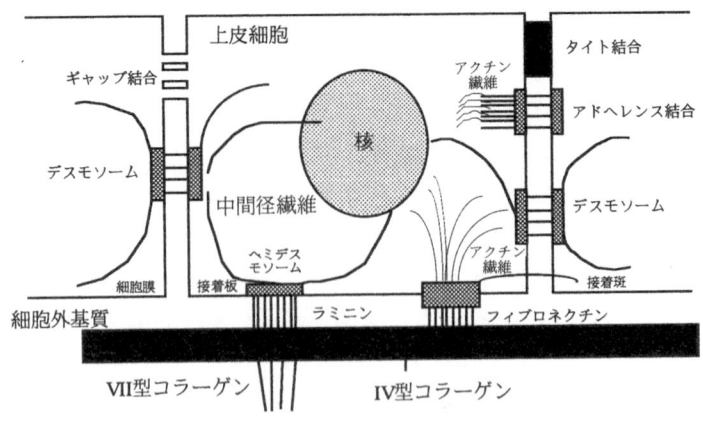

図2.3 細胞外基質と細胞接着の模式図

種々の細胞骨格系が多細胞系では発達した．この中味については次節で詳しく述べる．

④ 極性：生物個体のかたちづくりは極性軸の作成からはじまるが，この性質は細胞の増殖，集積，運動，配列という一連の細胞行動の総合として起こる．そしてこの極性形成が，生物個体のかたちづくりのあらゆる局面で起こっていると考えられる．個体の極性をつくるもっとも簡単な方法が多細胞の一次元的つらなり，すなわち円柱系である．さらに多細胞体は力を及ぼす外部環境（重力流れ）に応じて，極性を維持し，複雑なかたちづくりを行う．個体レベルのかたちづくりになるとフラー・ドグマが働き，最少材料の原理から中空円柱が有利となる．

個体極性は構成要素の異方性の集積である．その異方性は第一義的には，細胞外接着や細胞間接着によりもたらされ，それにより細胞内で，細胞骨格が異方的に再編成し，最終的にオルガネラの極性編成を誘導すると考えられる．

次に多細胞系の構造形成の過程について上記の四つの属性がどう使われているか，具体的観察例で見てみよう．

繊維芽細胞は結合組織にありふれていて，細胞研究で，もっともよく使

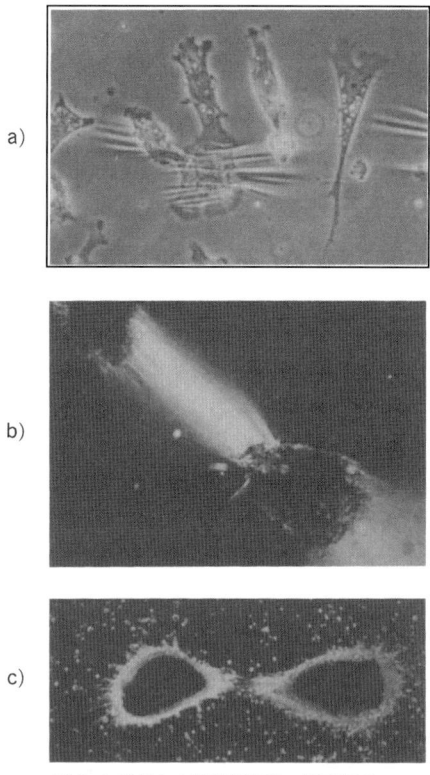

図2.4 培養した繊維芽細胞の極性形成

(a) 極性をもった細胞に引っ張られることにより，培養基盤のゴム膜が圧縮され，しわがよる．右はじの長い細胞の長さは 0.1 mm．

(b) 細胞は塊をつくる（径は約 1 mm）．そして，塊から外へと伸び出して，培養基盤のコラーゲンのゲルに牽引力を及ぼす．隣りあった塊の牽引力により，ゲル中のコラーゲン分子が配列する（細胞外基質の極性）．

(c) 細胞はコラーゲンゲルの方向に沿ってさらに成長し，またその方向に分裂をくり返すので，二つの塊はつながって一つの円柱体となる（多細胞体の極性）．

われる細胞である．繊維芽細胞の塊は，細胞の乗った細胞外基質などの基盤表面上の不規則な構造に沿って成長する．この塊自体は，単細胞が集まっただけの原初の細胞の小塊とそう違いはないだろう．

繊維芽細胞を薄いシリコンゴムの上で増殖させると，細胞は直下のゴム膜をつまみ，膜に圧縮力をかける（その理由は次節参照）．その結果，ゴム膜にはしわができる（図2.4(a)）．一方，細胞の大きさより外側に広が

るゴム膜の部分では，つまむ力によりゴム膜が引っ張られ，細胞を中心とする放射状のしわができる．繊維芽細胞からなる二つの小さな塊をコラーゲンのゲル（細胞外基質をまねた培地）の上で培養すると，コラーゲンはゲルのなかで最初は不規則に配列しているが，二つの細胞塊がその間にあるコラーゲンゲルの繊維を引っ張るので，ゲル中のコラーゲンは方向がそろってくる（図 2.4(b)）．すると固くなったその上で細胞が成長し，二つの細胞塊は最終的には互いにふれあい，接着し，収縮する．このようにして二つの細胞塊の間に，非常に方向のそろった，細胞とコラーゲンとからなる橋が架かることになる（図 2.4(c)）．細胞の活動と成長は，これらの極性の線に沿ってますます盛んになり，最終的には，細胞とコラーゲン繊維からなる橋が，二つの細胞塊をつなげ，一つの円柱形の構造物をつくり上げる．

　今まで述べたことを構成要素である細胞の視点から言いかえてみよう．これらの細胞の行動は，細胞内にあるアクチンや微小管がつくる骨格構造により支配されている．これらの細胞は，細胞内骨格を通じて細胞外の基質を引っ張ることにより，自分自身を平行に配列させる．配列が完了すると，今度は細胞自身が，基質の異方的配列（極性）に沿って移動し成長する．そして細胞が移動するにつれ，その運動方向へと，より多くのコラーゲン繊維を配列させ円柱形の上皮系をつくっていく．このように，分子の配列方向がある方向にそろうというコラーゲン基質の構造上の特徴と，かたちの定まらない細胞集合から円柱状のかたちが創発されることの間には，因果関係が存在する．この因果関係を結びつけているのは，境界（接着面など）の存在とその境界の異方性であるように思われる．

2　細胞機能とテンセグリティ

　生物は細胞が単位であるということの意味を考えてみたい．まずそれは細胞1個がそれ自身生きていけることを意味する．もう一つは多細胞生物における構成単位であるということだ．どれも一見自明のようだが，よく考えるとそうではない．細胞の上にあって生きつづけるもう一つの単位，個体との関係が明確でないからである．個体は細胞―組織―器官―個体と

階層構造的にとらえられているが，それは事実というより，人間の認識のクセを反映しているように見える．実際，歴史的には個体は多細胞の集合というより，体の構造的特徴，体制の系統として定義され，分類されてきた．そしてこれが現在でも生物学の基本となっている．その意味では，生物のかたちの記述にことさら細胞をもち出す必要は認められない．むしろ，生物のかたちは生体材料の力学的性質との対応で語られる．こうした事柄を扱う分野はバイオメカニクスと呼ばれるが，そこでは生体は，弾性，粘性をもった連続体として記述される．

2.1 細胞と個体の同型性

では，個体と細胞との関係は，どのようにとらえ直されるべきか．それに関し，まず生理学者の見解を聞こう．彼らは1個の細胞と1個の個体は機能的に同型であると考える．たしかに，個体の器官になぞらえて細胞内のオルガネラに細胞器官という名称が与えられている．この同型性は何か考えるべき奥深いものがある．たとえば個体の四つの組織，上皮，結合，筋，神経は細胞における細胞膜，細胞質，中間径繊維，微小管，アクチン繊維などとよく対応し，あたかも後者の役割が特殊化し多細胞レベルに拡大したかのように見える．具体的には筋肉などは細胞内のアクチン繊維の運動機構が肥大化し，集団化したように見えるし，腎は細胞表面チャネルの専門化のように見える．多細胞生物の各器官は結局，分化した細胞それぞれが個別にもっている機能の集合体なのである．集合体を越える器官独自の新しい性質はむしろマクロなかたちそのものの中心，そして力学系のなかに存在している．

では多細胞系の分化とかたちづくりはどのようになされているのか．詳しい内容は成書に譲り，前節で述べた前提を再述するにとどめよう．すなわち，「多細胞系のかたちは分化細胞の増殖，運動，接着，そして生死バランスで定まる」．

多細胞系を一つの単位（器官や個体の各レベルで）として維持する仕組みは何か．細胞の間の対話を可能にし，一つのシステムにまとめあげる統合機構は何か．最先端の生物学では，統合を行うコミュニケーション（信

号伝達）システムが多細胞系にあると考えており，この信号伝達系の研究は，破竹の勢いで進んでいる分子生物学の中心的課題である．信号伝達系の化学ネットワーク的側面についてはコラム⑤に譲り，ここでは従来の信号伝達研究にみられる局所論ではカバーし得ない細胞レベル，多細胞レベルの新しい統合原理を紹介しよう．

2.2 テンセグリティ

　生物のかたちはみな「自己組織的」，「自己集積的」につくられる，と1章で述べた．そしてさらに，当然その背後にはある種の選択原理があるはずであると記した．タンパク質，超分子の構造形成において，それは「アンフィンゼン・ドグマ（Anfinsen dogma）」と呼ばれている．そして細胞レベルでは，フラー・ドグマの一例として，「テンセグリティ（tensegrity）」と名づけようという提案がなされた（Ingber, 1998）．テンセグリティの意味するところについてまず紹介し，次にこの新しい考えを従来の生物科学，物理科学の伝統のなかに位置づけよう．

コラム②　ジオデシックドーム

　1996年，ノーベル化学賞はC_{60}の発見者3人に贈られた．時代の寵児となった炭素原子60個のみからなるこの正20面体構造体は，もともと日本の量子化学者大澤映二（豊橋技術科学大学）により，その存在は1970年代に予言されていた．最初に星間物質として自然界に見出されるという不思議な経過をたどったが，その後，炭素の真空高温ガス化で簡単に得られるようになった．書道で使う墨のなかにも，わずかな割合で含まれているという．この正20面体分子はサッカーボールに似ており，bucky ball とか fulleren などと呼ばれる．

　正20面体構造を基本とするジオデシック（測地線）ドームが実現されたのは1950年代で，バックミンスター・フラー（Buckminster Fuller）が発案，実行した．1953年に，フォード社の中庭を覆うドームがまず注目をあび，1967年にはモントリオール万国博覧会会場のア

 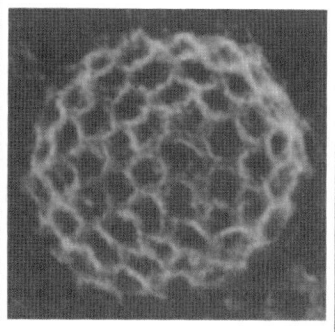

ジオデシックドーム（直径84mのモントリオール万国博アメリカ館）の前に立つフラー（Fuller）　　形成途中のクラスリン小胞体（直径約0.2 μm）電子顕微鏡写真

メリカ館巨大ドームとして世界中に知れわたった．3章2節で述べるように，正20面体構造はウイルスや被覆小胞体で実現しており，12個の5角形と10の倍数の6角形でできている．図は大きさが1000万倍異なるものが同じ安定構造をもつことを示している．

　この構造体の本質は，同じくフラーの提案したテンセグリティ概念で解明される．tensegrityはtensile（張力）とintegrity（完全な状態）とを合成した言葉で，連続した張力要素と不連続な圧縮要素の結合により，全体が一つの単位としてふるまう構造体，張力統合体を指す．この言葉はすでに日常用語として英語圏に定着している．

　人間には新しくても，テンセグリティ構造は普遍的で，すでに，小は分子から大は人体，さらに宇宙構造にいたるまで自然界に遍在していた．だからこうした構造体は，人間の生活にもっととり入れられてよいように思う．ジオデシックドームは世界中に30万個以上あり，広く用いられているが，テンセグリティ構造はさらに一般的構造体として，日常生活のあらゆるところに影響をもつはずだ．

　テンセグリティはフラーの命名だが，この構造体の最初の発明者は彼ではなくKen Snelsonだと主張する人もいる．日本にもSnelson作のテンセグリティ球体のモニュメントがある．彼はフラーから直接指導を受けた学生であり，後に彫刻家になった．ほとんど同時にテンセグリテ

> ィの特許を出した二人の間では長く論争がつづいた．大きな発明，発見の背後にはいつもこうした泥臭い人間ドラマがあるものである．いずれにせよ渦中の人，フラーはすでに世を去り，Fulleren, tensegrity の名前だけが残った．

　テンセグリティはジオデシックドーム（コラム②参照）を考案したバックミンスター・フラーの造語である．彼の提案したドームは正20面体対称性をもち，C_{60}（フラーレンともよばれる），ウイルスカプシド（次章を参照）と相似型である．

　テンセグリティ構造はひとつながりの連続的張力要素（ゴムなど）と圧縮力を支える不連続な柱という二つの拮抗する要素から成り立っている．これはジオデシックドームのように最小限の材料で最大強度をもち得る構造体である．また力学的に自己安定で，外力に対し自己の構造を維持しようとする．こうした構造は，建築においても構造力学的にきわめて重要である．イングバー (Donald E. Ingber) はこの構造が自然界の普遍的構造だと主張している．彼は生物において，小はタンパク質から，大は人体構造までこの力学構造が使われており，このテンセグリティこそが細胞レベルにおいて情報（化学信号）伝達と形態形成（力学系）の両者をつなぐインターフェイスであると指摘した．

　従来，細胞は，小さな袋，つまり膜で囲まれた粘性のある液体または寒天状のゲルであるとみなされていた．この場合，細胞のかたちは形質膜の表面張力と浸透圧との関係で定まるだろう．しかし，細胞のかたちや行動にはこうしたモデルで説明できない不可解なものも多い．たとえば細胞はやわらかいゴムの表面に付着するとき収縮して球形になったり，細胞の下にあるゴムの表面にしわをよらせたりする（図2.4(a)参照）．

　1980年代，イングバーは細胞がテンセグリティ構造になっていると考え，木の棒とゴムひもを組み合わせ，細胞のテンセグリティモデル（図2.5）を作製した．このモデルは，フラーが，1953年にプリンストン大学で作製した，テンセグリティ球体の発展型で，ゴムひもの張力と圧縮体（骨格）の拮抗により，安定化し，ある1つの立体構造を実現，維持する．

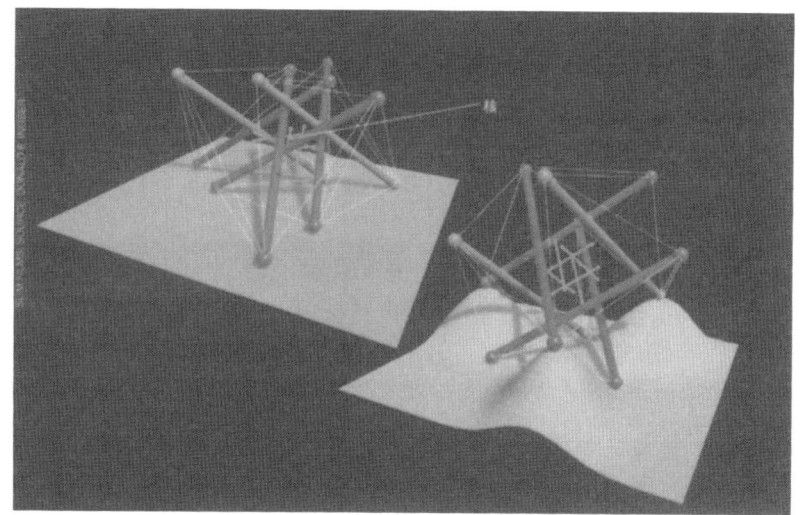

図2.5 細胞の挙動とテンセグリティモデル

細胞は付着した場所で張力を発揮するので,薄いゴムの基板にしわがよる(図2.4 (a)参照).木の丸棒とゴムひもでつくったテンセグリティモデルも同じようなふるまいをする.生きた細胞と同じように,固い表面(左側)に付着すると細胞自身と核が平たくなり,柔軟な基板上では球形に収縮して,基板表面にしわをつくる(右側).さらに核自身も丸くなる.

さらにこのモデルのなかに,細胞内の核に対応する小さなテンセグリティ球(図2.5中の中心の棒の部分)を入れた.外側の接着部分と核がこうして細胞骨格を通じて結ばれる.

この細胞のテンセグリティモデルで重要なのは,上から押しつぶすと平らになるが,押さえるのをやめると,ゴムひもに蓄積されたエネルギーによって,すぐにほぼ球形のもとのかたちに戻ることである(自己安定性,恒常性).このモデルを使うと,本物の細胞1個をゴム表面に置いたときどうなるかを,容易にシミュレートすることができる.

たとえばガラスなどの固い培養基板を想定し,1枚の布をその基板の上に置き,四すみをしっかりと基板にピン留めする.その上に,細胞のテンセグリティモデルを平たく押しつぶしてのせ,一部の木の棒の端を布に縫いつけた.これは,インテグリンなど接着機能をもつ細胞表面分子の働きをまねたものである.

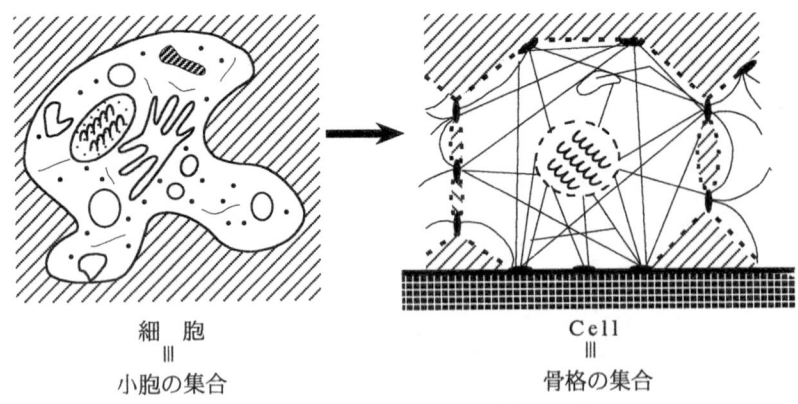

細 胞
‖
小胞の集合

Cell
‖
骨格の集合

図2.6 細胞の見方に関するパラダイムシフト

　布を基板にピンで固定した状態では，ちょうど本物の細胞を固い表面に置いたときのように，モデルは平たくなっている．しかし，留めているピンをはずすと布は自由に動けるので，テンセグリティモデル細胞はもち上がって球形になり，布の方にはしわができる．これは図2.4(a)の細胞の挙動を再現している．しかもモデルを平らに押しつぶしていくとき，それに伴ってモデルの内部空間も引き延ばされ，核は細胞の下方に移動し平たくなる．これも実験観察を説明する．こうして，細胞のよく知られたふるまいが，非常に単純なモデルで再現できた．イングバーは，細胞というものに対するこれまでの見方に決定的な変革をせまっているように思える．すなわち今までの袋のモデルから骨格のモデルへのパラダイムシフトである（図2.6）．

　もちろん従来の袋のパラダイムは，浸透圧や膨潤圧が主役を占める膜系，シート構造，静水系には必要不可欠であろう．したがって公平公正の規準に立てば，両パラダイムの融合が真の細胞モデルといえる．しかしその場合でも，フラー・ドグマは，単細胞系と多細胞系をつなぐ唯一具体的な作業原理を与えていると考えられる．

　ではテンセグリティの力学要素の実体は何か．次にそれを考えよう．

2.3 細胞内の繊維ネットワークと生化学反応制御

　図2.7に見るように，細胞骨格は細胞のなかを文字どおり縦横にかけめ

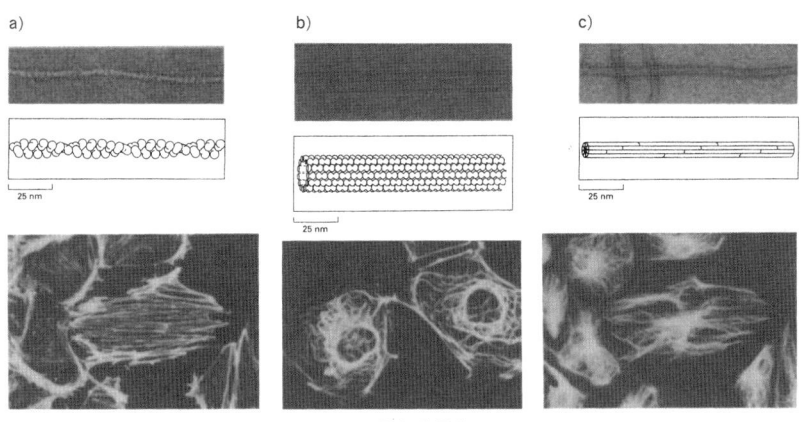

図2.7 細胞骨格

細胞骨格にはアクチン繊維(a)，微小管(b)，中間径繊維(c)の3種類があり，すべてタンパク質からできている．各写真の上にはそれぞれの分子モデルを示した．3種類の構成成分が結合して細胞骨格の格子を形成するが，これらはまた細胞表面，核やその他のオルガネラの間を結合する．

ぐっている．そしてそれらは大きくわけて3種類の骨格系，アクチン繊維，微小管，中間径繊維から成り立っている．三つの骨格はそれぞれ異なる働きを担っている．もちろんこれらすべてが一体となって，細胞のかたちとその働きを保つテンセグリティ構造をつくっているはずだ．イングバーは浮遊細胞のもっとも安定な細胞構造として，細胞骨格テンセグリティ球，すなわち正20面体を示唆している．

一般に細胞骨格は内骨格系に対応し，動物細胞でよく発達している．同じ多細胞でも植物やまた複雑な発達をとげた単細胞の原生動物では外骨格としての細胞壁がかたちの維持をしている．

ところで図2.5のモデルから予想されるように，細胞のかたちを維持するうえで，3種類の細胞骨格タンパク質だけでなく，細胞の外側にある細胞外基質（実際の細胞では，コラーゲンなどでできている）が重要なかかわりをもっている．細胞内では，収縮能力をもつアクチン繊維が，クモの巣のように網の目を広げて，細胞膜と多くの細胞内構成成分を張力的に結びつけている．この張力に拮抗しているのが，2種類の圧縮性の力学構成要素である．一つは細胞外にある細胞外マトリックスで，もう一つは各種の細胞骨格である．具体的には，微小管，ストレスファイバー（アクチン

繊維の集合）の二つで，これらがちょうど梁（はり）の役割をはたす．

　三つめの細胞骨格である中間径繊維は「まとめ役」をしているのであろう．微小管と収縮性アクチン繊維を結びつけ，それらを細胞表面の膜や細胞核と結合させている．核は流体である細胞質に浮いているというより，張力のある中間径繊維によって力学的に結びつけられている．テンセグリティモデル（図2.5）で見たように，細胞表面の接着部分を引っ張れば，細胞内の核にもただちに構造的な変化が生じる．

　モデルだけでなく，この事実は直接証明された．こうして図2.6に示した新しい細胞構造のパラダイムが少しずつ輪郭をもちはじめた．

　このモデルが新しいのはかたちの維持問題だけではない．細胞表面から伝わる力のバランスが変化することにより，情報が外部から内部へ伝達される可能性を示唆している．この発見は重要である．細胞内では，タンパク質合成やエネルギー変換，成長を制御する多くの酵素など，多くの物質が細胞骨格に物質的に固定されていると考えられるようになったからだ．さらに骨格系は各種輸送とオルガネラ形成の中心的役割をはたしている．このため，細胞骨格の幾何学的形態や力学状態を変えることは，生化学的な反応に影響を及ぼしたり，オルガネラの形成を制御すると考えられるようになった．たとえば神経細胞が軸策という細い神経突起をどう延長させるか，テンセグリティモデルで説明できると言われている．

　また細胞のかたちを変えるだけで，細胞の遺伝子プログラムが切りかわると提案されている．平らに広がった細胞は分裂しやすくなり，逆に伸長を妨げられ，丸くなった細胞ではアポトーシスという細胞死のプログラムが働きはじめる．細胞が伸張も収縮もしていないときは，分裂も細胞死もなく，代わりに組織に固有の分化をするという．次の節で細胞の生と死に関し，この新しいモデルが何を主張できるのかを見てみたい．

3　細胞の生と死の力学

　大腸菌に生死はあるのだろうか．無限に分裂し，生きながらえるという意味では大腸菌は不死である．もちろん大腸菌1匹を煮ればその1匹は死ぬ．しかし，まったくうり二つのクローンがいくらでもいるのである．細

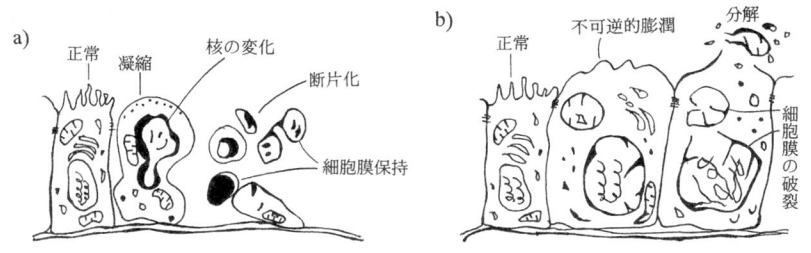

図 2.8 アポトーシス(a)とネクローシス(b)

胞の生死は多細胞生物の個体の生死とはずいぶん趣が異なるようだ．

3.1 アポトーシスとネクローシス

　最新の分子生物学は細胞の生死についていろいろなことを明らかにしている．細胞はまわりの環境（隣接の細胞，液性因子）とのかかわりで死の選択を積極的に行うというのである．また発生の途中で多くの細胞がプログラムどおりに死ぬ．線虫は卵1個から10回以上分裂して成虫になる．その過程で959個の細胞は生き残り，131個の細胞は決まった時と場所で死ぬことがわかっている．また人間の脳細胞も細胞分裂が終わったあと2/3近くが死に，残りが神経ネットワークに組み入れられる．その他，手足の指の形成，リンパ球の生成過程に大量の細胞死が見られる．こうした細胞死はアポトーシス（apoptosis, 図2.8(a)）と呼ばれ，浸透圧による細胞膨潤が引きおこすネクローシス（necrosis, 図2.8(b)）と区別されている．アポトーシスの機構について多くのことがわかってきたのでまずこの概要を述べ，次に細胞接着による細胞のかたちの変化でなぜ細胞死が引き起こされるか，考えてみたい．かたちの変化の背後に骨格系を通じての力学-化学結合連関の存在が浮かび上がりつつある．

3.2 アポトーシスの標準モデル

　アポトーシスの実体はDNA分解酵素による核DNAの断片化だが，このDNA分解酵素の活性を制御し，アポトーシスの実行犯と目されているのがシステインプロテアーゼの一種，カスパーゼ類である．そして細胞死

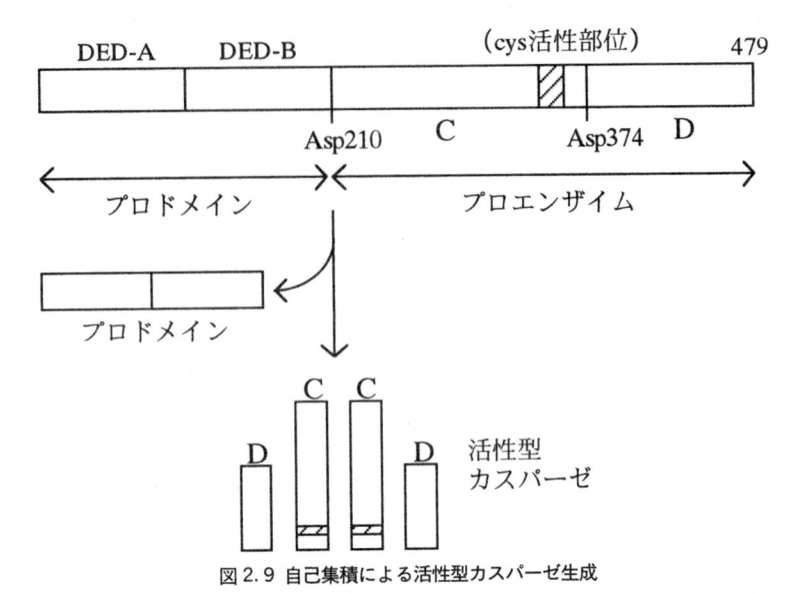

```
  DED-A    DED-B       （cys活性部位）        479
┌─────────┬─────────┬──────────────┬──┬──────┐
│         │         │              │▨▨│      │
└─────────┴─────────┴──────────────┴──┴──────┘
                  Asp210   C        Asp374  D
←─── プロドメイン ───→←────── プロエンザイム ──────→
```

図2.9 自己集積による活性型カスパーゼ生成

カスパーゼはAsp XX Aspというアミノ酸の共通配列を認識し，アスパラギン酸（Asp）のC末端ペプチドを切断する（Xはどのアミノ酸でもよい）．この反応は前駆体カスパーゼが集積して自己触媒的に起こる．

を引き起こすいろいろな信号（細胞表面Fasリガンドなどの細胞死因子）はカスパーゼ前駆体を活性化し，DNAの断片化を行うと考えられている．その際血液凝固反応で見られるような酵素反応カスケードが，カスパーゼカスケードとして見られるという．現在カスケード中のカスパーゼは10種類程度が知られ，それらは細胞内で種々の働きをしているらしい．DNAの断片化以外に，DNA修復阻害，転写阻害，接着阻害，細胞骨格破壊，細胞膜骨格破壊，核骨格破壊，核膜骨格破壊と骨格系の関与する幅広い現象に影響を与える．ただしこれらが具体的にどのように壊れていくのかは今後の研究を待たなければならない．

カスパーゼ前駆体はつねに細胞内に存在し，活性化されるのを待っており，一度活性化されると広い範囲の細胞内タンパク質に影響を与え，細胞を死にいたらしめる．すなわち細胞はいつでも死ぬ準備をしているかのようである．だから細胞を生かすためには，カスパーゼの活性-非活性のバランスを非活性側に偏らせなければならない．カスパーゼの活性を抑え，

制御的働きをするタンパク質としてガン遺伝子産物のBcl-2が知られている．逆に活性化タンパク質としてはFADDが知られている．ともにカスパーゼと直接結合することが知られ，これがカスパーゼの自己触媒を阻止したり，逆に活性化したりしているようである．次に接着-脱着による細胞死について最近の研究を見てみよう．

3.3 骨格系を通じた細胞死調節

テンセグリティモデルで説明される細胞死に関して，最近発表されたみごとな実験を紹介しよう．イングバーらの研究で (*Science* **276** (1997) 1425) 血管内皮細胞が接着依存的に生と死を選択するという現象である．

浮遊状態の血液細胞やガン化した細胞以外，体細胞の一般的特徴として接着基板から脱着すると浮遊化して死ぬという現象がある (de-anchoring apoptosis)．この細胞死を抑える血液中の生存因子（増殖因子など）も存在するが，とくに血管内皮細胞や多くの上皮細胞は脱着が100％死につながる．この現象を定量的に扱ったのがイングバーらの研究で，接着タンパク質の種類と接着面積を完全に制御（入力）して，定量的に細胞死（出力）を測定した．接着面にはインテグリンのリガンドであるフィブロネクチンを塗付したり，インテグリンのβ鎖抗体を用いている．また接着面積制御については半導体産業での技術，マイクロプリンティングを用いている（図2.10(a)）．

内皮細胞は接着パターンに沿って忠実に広がり，接着パターン全面を覆うので接着面積を定量的に定義できる．そして細胞の増殖活性をDNA合成量から，また細胞死をDNA断片化から定量している．この実験では入出力関係を定量化できたため，接着問題を化学因子（リガンド）による信号伝達の研究と同じような，精密科学へと脱皮させたのである．すなわち通常の実験におけるリガンド濃度（入力）に対応し，接着面積（入力）というパラメータを設定できた．図2.10(b)に結果を示すが，それは驚くべきものであった．

まず第一にDNA合成量が接着面積に比例して増えること．そして第二に接着面積があるしきい値（$\sim 100\,\mu m^2$）より小さくなると細胞死が急激

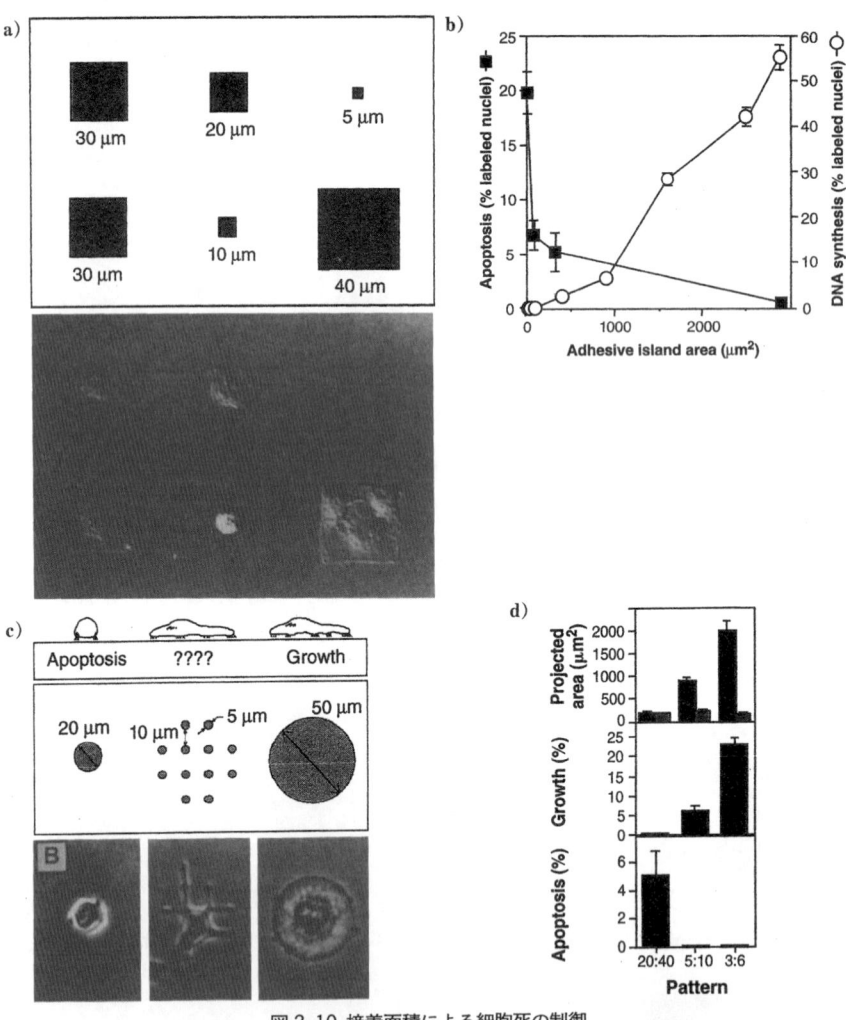

図 2.10 接着面積による細胞死の制御
(a) フィブロネクチン塗布基板の接着面積を変え，接着の様子を顕微観察．
(b) 上皮細胞の細胞死（■）と DNA 合成量（○）の接着面積依存性．
(c) 接着面積と接着展開パターンを変えた細胞死の実験．
(d) 細胞死のパターン依存性．

に増えること．そしてこの接着依存性は細胞骨格の一つであるアクチン繊維を壊す薬品，サイトカラシン D で完全に消失する．これは骨格系が深くかかわっていることをうかがわせる．しかしこの結果だけ見ると接着に

伴う化学結合が化学信号カスケードの引き金を引いたのか，接着による骨格系の変形が直接細胞死に関与しているのかを分離できない．

そこでマイクロパターン技術を駆使し，接着面積そのものではなく，細胞の伸展の程度に依存して（図2.10(c)の多点パターン実験）細胞のかたちを制御した．同一面積という条件下で，1カ所に集中した接着と，多点に広がった接着をパターンにより区別した．その結果，細胞死は細胞のかたちに，すなわちかたちを与えている細胞骨格の存在様式に左右されていることを明らかにした．これは接着面積そのものではなく，接着斑と細胞骨格系とがつくるテンセグリティが重要であることを示唆している．

接着斑にアクチン繊維が付着し，細胞のかたちや運動に重要なかかわりをしていることが最近わかりはじめた．図2.11に接着と骨格との関係を顕微鏡像とともに模式的に示した．アクチン繊維は接着斑からストレスファイバーとなって，細胞の重要な極性を決めているように見える．

このストレスファイバーは細胞に力が加えると壊れたり，できたりする．

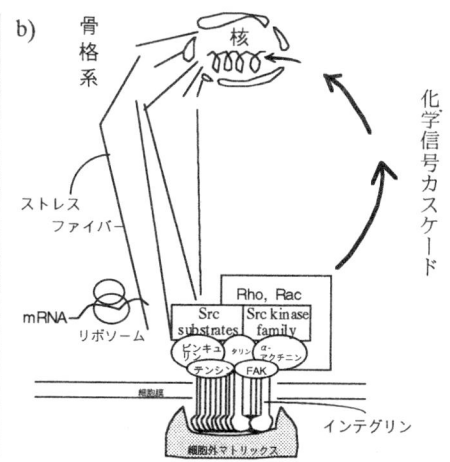

図2.11 アクチン繊維（ストレスファイバー）と接着斑
(a) 上皮細胞の接着斑（白い点）とそこから走るストレスファイバー（白い線）の二重蛍光染色顕微鏡．
(b) 接着斑の構成とそこからのストレスファイバーの成長の模式図．接着斑からの細胞内，核内への信号伝達が化学信号カスケードを通じて行われるのか，骨格系を通じて行われるのか，未知の部分が多い．

その生成,消滅の鍵を接着と接着斑,そしてそれを通じた力学的信号が握っているのではないかと考えられるようになった.

　力学信号が化学信号に変換される現象はちょうど筋肉の化学-力学信号変換の逆現象のように見える.筋肉の場合は,ATPの化学エネルギーが力学エネルギーに変わる(6章参照)が,接着-骨格系の場合は,接着を通じた力学信号が化学信号に変換されるのである.

　骨格系の力学-化学信号変換についてはいろいろなモデルが提出されており,種々のタンパク質,酵素の細胞骨格への吸着が重要だと思われている.骨格系は単なる構造要素でなく,その上をいろいろなタンパク質やオルガネラが輸送される.すなわち細胞内構造の生成のかなめだと考えられている.かつて細胞膜は単なるしきりと考えられていたが,今は膜タンパク質や膜吸着タンパク質の反応の舞台と考えられるようになったのに似ている.もしかすると細胞骨格は,脂質膜以上に広い範囲の力学的性質(弾性,塑性)をカバーし,骨格の変形に伴い,細胞全体の機能を調節しているのかもしれない.

　細胞死に対する骨格系や骨格様繊維の関与は,神経系の細胞死(アルツハイマー病,ハンチントン病,狂牛病)との関連で最近注目されはじめた.たとえばハンチントン病ではポリグルタミンの会合体が細胞死を引き起こす (C. A. Ross, 1995).またアルツハイマー病における神経変性は微小管結合タンパク質タウの重合が重要であるという(井原康夫,1995).さらに最近では細胞死因子が細胞死の実行犯,カスパーゼを活性化するとき,因子の繊維化が重要であるという指摘がなされている (M. J. Leonardo, 1998).

　細胞の場合,なぜこうした繊維がカスパーゼの自己触媒活性を向上させるのか.また,細胞の脱着に伴う骨格系の再編がなぜカスパーゼ活性化に関与するのか,未知の事柄があまりにも多い.しかし力学-化学信号のカップリングは細胞内でたしかに起こっている.この中味を明らかにすることが,従来の化学信号パラダイムでは解けなかった多くの生物の謎を解き明かす鍵のように思われる.そして最終的には形態形成,神経ネットワーク形成などのかたちづくりの解明に新たな光を与えるだろう.図2.6で示す新しいパラダイムはタンパク質における明解な「構造と機能」パラダイ

ムの細胞版と見ることができるのである．

コラム③　分子生物学の方法論と化学ネットワーク

　分子生物学の成功は，多くの生物現象を局所論，すなわち遺伝子と遺伝子産物という分子的なモノに還元し，部分を切り出して説明したところにあった．何か新しい生物作用を研究しようとするなら，その作用を異常たらしめる変異体を作成し，変異体の原因たる遺伝子を見出せばよい．この方法の成功自体が，きっと生命の大事な側面を表現している．しかし，生命は部分の性質の単なる総和ではない．生命をシステム全体ととらえる立場から，その意味を再吟味しなければならない．

　生命体を「天然の技術」の集積だとみれば，分子生物学の成功は次のように納得できる．すなわち機械が故障したとき，その故障箇所を特定するという工学センスと，分子生物学のやり方は同じだということである．故障を意識的につくり（変異体），しらみつぶしに故障箇所を調べていけば，その機械がどういう部品とどういう機構で動いているかがわかるはずだという信念である．はたして，この方法が生物の研究方法として唯一のものだろうか．

　人のつくる機械の場合，機械の全体構造と具体的な動作状態を見渡せる設計図があるので，実は上記の分子生物学的で遠回りな方法は必要ない．しかし設計図がわからない場合，故障（ミュータント）をつくり，その故障箇所を修理する（リバータント）ことをくり返すことで，機械の全体を知るのがもっとも確実のように見える．だが，故障はあくまで部品レベルのことである．部品だけでは，全体の動作原理はわからない．したがって部品間のつながり，すなわち機構全体の理解が必要となる．

　生物の場合，機械といっても化学反応が部品機能である．このやわらかい機械の特徴は，部品のつながりが化学反応のネットワークとして行われるところにある．たとえば下図のような免疫細胞系でのサイトカインの一つ，IL-8リガンドの信号伝達系が例としてあげられる．IL-8の刺激によるGタンパク質の活性化につづき，フォスフォリパーゼ（PLC β2）の活性化により，イノシトール三リン酸（IP_3）およびジア

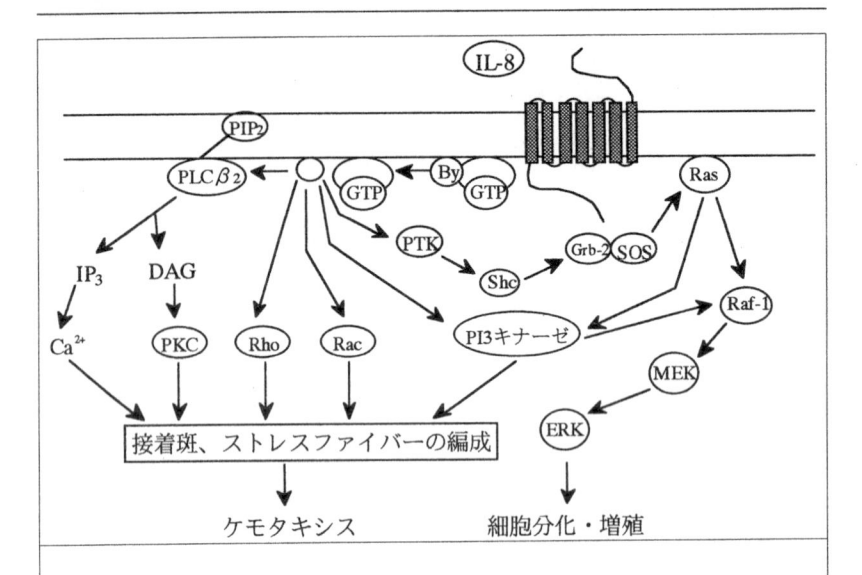

シルグリセロール（DAG）が生成される．IP_3は細胞内Ca^{2+}濃度上昇を引き起こし，リソソームの放出を起こす．また，形質膜の変形，接着誘導，アクチン依存性運動などには低分子Gタンパク Rho, Rac が関与する．さらに細胞分化・増殖シグナルには Ras/Raf シグナル伝達系がそれぞれ関与している．このように化学反応のカスケードが広がっていく．他の多くの信号伝達も，こうしたネットワークやカスケード反応として提示されている．

ところで，こうした化学ネットワークは，アナロジーの源であるコンピュータネットワークと同じように正しく動くのだろうか．何十とあるリガンドとリガンド受容体の下流に，みなこうした化学ネットワークがあり，かつその多くが（Ca^{2+}, IP_3, DAG, PKC, Rho, Rac など）共通のeffector をもっていたら，おかしな cross-talk（交叉障害）のため，ネットワークが動かなくなるのでは，と危惧するのだが．

信号伝達にかかわる GTPase，キナーゼ，フォスファターゼ等々の多種類のタンパク質の存在を考えると，細胞1個のなかに膨大な化学ネットワークが存在し，それらが外からのリガンド結合による個々の信号伝達をすべて正しくこなし，しかも多機能である，というのは信じがたいことである．化学ネットワークがそれほど高い動作安定性をもっている

という保証はまったくない．にもかかわらず，分子生物学的局所論は，個々の部品の動作がわかれば，機構全体がわかると仮定しているように見える．

　化学ネットワークに代わる全体統合機能を，はたして，細胞骨格が担えるだろうか．

③ オルガネラの構造形成

　体と細胞の力学的構造を説明した後は，細胞内にある構造物，オルガネラの構造形成について述べよう．オルガネラは細胞内の小器官で，タンパク質と脂質の集積した構造体を指す．オルガネラは顕微鏡的に明確なかたちをもっているため，古くから研究されてきた．ここでも「かたちと働き」の密接な関係がうかがえる．きちっとかたちの定まったものには何か重要な働きがあるに違いないという素朴な常識と合致する．われわれが歴史的にオルガネラと認めたものは，安定的に存在し，かつ目に見えるものだけであった．これに対し2章で述べた細胞骨格系は，光学顕微鏡では簡単に見えなかった．これがオルガネラに比べ，細胞骨格系の研究が遅れた理由であろう．また，安定ではないが，一時的にタンパク質が集積して重要な働きをするもの，たとえばDNA複製のレプリコンや細胞接着時にできる接着斑なども細胞内に存在している．

1 対称性と超分子構造

　オルガネラの多くは数少ない同一種類のタンパク質の集まりであり，そのかたちは幾何学的な対称性を保持したものが多い．そこでこの章では，かたちを決める重要な因子，対称性について，タンパク質集積体の構造を例に論ずる．ただしここではオルガネラよりさらに対称構造の明確な一般のタンパク質複合体も考察の対象とした．対称性が幾何学的性質にとどまらず，タンパク質（複合体）機能の調節のうえで，とても大事な役割をはたしていることについては，6章で詳述したい．

　対称性には，回転対称性と並進対称性がある．回転対称性は機能性タンパク質においてとくに重要で，そのいくつかの例を図3.1に示した．対称性は数学的には点群という群論を用いて分類される．図3.1のC_2（2回

38 ── 3 オルガネラの構造形成

(C_2 線形) 3量体　　(C_3 正3角形) 3量体　　(C_5 正5角形) 5量体　　(D_3 正3角形) (C_6 正6角形) (D_3 正8面体) 6量体

(C_4 正方形) 4量体　　(D_2 正4面体)　　(D_4 正4面体) (D_4 4角逆プリズム) 8量体

図3.1 タンパク質複合体の対称的構造

(a)	(b)	巡回群	(a)	(b)	2面体点群	(a)	(b)	立方晶系群
C_1	1		D_2	222	3本の2回軸	T	23	3本の2回軸 4本の3回軸
C_2	2		D_3	32	1本の3回軸 3本の2回軸	O	432	6本の2回軸 4本の3回軸 3本の4回軸
C_3	3		D_4	422	1本の4回軸 4本の2回軸	I	532	15本の2回軸 10本の3回軸 6本の5回軸
C_{17}	17		D_6	622	1本の6回軸 6本の2回軸			

図3.2 回転対称性の分類
(a) Schönflies 記号　(b)結晶学的記号

の回転軸対称をもつ）や D_2, D_4（4回の回転対称軸と鏡映対称面をもつ）の記号は点群の記法に従っている．点群については図3.2にまとめて示してある．

点群は回転対称性を扱うので，回転対称軸をそのまま表記するやり方も

表 3.1 対称性のあるタンパク質の例

タンパク質名	サブユニットの数	点対称性 結晶学的な記号	Schönfliesの記号
免疫グロブリン	4	2	C_2
スーパーオキシドジスムターゼ	2	2	C_2
アルドラーゼ	3	3	C_3
バクテリオクロロフィルタンパク質	3	3	C_3
TMV-タンパク質の円板状構造	17	17	C_{17}
コンカナバリンA	4	222	D_2
ヘモグロビン（ヒト）	2+2	疑似222	疑似D_2
インシュリン	6	32	D_3
ヘムエリトリン	8	422	D_4
アポフェリチン	24	432	O
ウイルスの殻タンパク質	180	532	I

表 3.2 らせん対称性のいくつかの例

らせん	らせん1回転あたりのユニット数 $n^* = u/t$	1ユニットあたりのらせん軸にそった並進距離 p (nm)	ピッチ=らせん1回転あたりの並進距離 pn^* (nm)
α ヘリックス	3.6	0.15	0.54
β 構造	2	0.35	0.7
DNA（B型）	10	0.34	3.4
TMV	16.3	0.14	2.3
アクチン繊維	13.5	5.5	74
微小管	13	6.15	80
ミオシン繊維	9	14.3	128.7

ある．図3.2の最右列を例に説明しよう．たとえば正4面体対称（T：tetrahedron）は3本の2回軸と4本の3回軸をもつので23，正8面体対称（O：octahedron）は6本の2回軸，4本の3回軸そして3本の4回軸をもつので432，また正20面体対称（I：icosahedron）は15本の2回軸，10本の3回軸，6本の5回軸をもっているので532というように表す．表3.1には実際のタンパク質複合体の対称性の例を示した．

対称性のもう一つは，細胞骨格などに見られるらせん対称性である．これは回転対称と並進対称が，同時に存在する場合に生まれる対称性である．表3.2にいくつかのらせん対称性の例を表示した．らせん対称性については具体例を図2.7に示す骨格系で見ていただきたい．またらせん対称性の見方については，アクチン繊維の例を図3.3に載せたので，表3.2と比べ

40 ── 3 オルガネラの構造形成

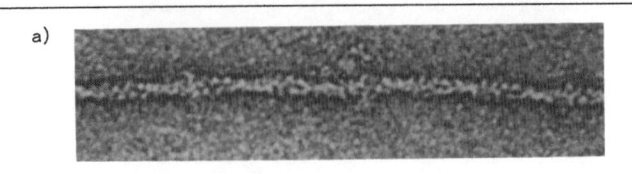

a)

b)
5.5nm
37nm
マイナス端　　　　　　　　　　　　　　　　　　プラス端

図3.3 アクチン繊維のらせん構造

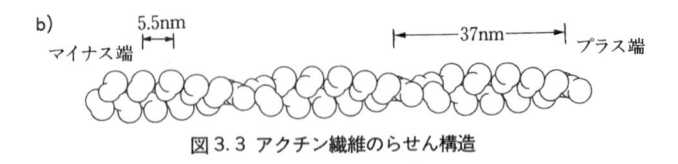

てほしい．

2 ウイルスと小胞体における構造選択

　タンパク質より一つ上の階層にオルガネラが存在している．細胞内のオルガネラはタンパク質と脂質の超分子であるが，それらは一般に比較的対称性が低い．ここでは対称性の高いタンパク質超分子であるウイルスの頭と単純なオルガネラ，小胞体に注目し，その対称的構造の起源を探ることとする．

2.1 ウイルス

　ウイルスはもっとも高い対称性をもつ生命体の一つである．なかでも核酸（遺伝子）を収めているウイルスの頭部（ウイルスカプシド）は正20面体対称性をもち，種類や大きさが異なってもその高い対称構造が保持されている．ウイルスにはこの他に，タバコモザイクウイルス（TMV，最初に結晶化された生物）のようなチューブ状のものもあるが，球状のものの方が種類が豊富だ．また細胞のなかをのぞくといろいろな小胞体が見られる．この小胞体は脂質とタンパク質の複合体で，やわらかく簡単に変形する．しかしこの小胞体も対称的立体構造が基本であると考えられている．では，こうしたウイルスカプシドやオルガネラのかたちを決めている原理とは何だろうか．それをこれから考えていこう．

　小さなタンパク質はほとんど不定形の非対称構造をもっている．しかし

それらが集まると対称性をもつタンパク質超分子をつくる（表3.1参照）．両者のこの違いは，おそらく構成ユニットの種類の数で説明できると思われる．そもそもタンパク質が不定形なのは異なるかたちをもった構成ユニット（アミノ酸）の数が多い（20種）からであろう．かたちの異なる石をただ集めても彫刻ができないのと同じ理屈である．それと同じように，オルガネラが多種類のタンパク質で構成されている場合には，明確な対称性をもつのがむずかしいと思われる．リボソーム，ヌクレオソーム，葉緑体，ミトコンドリアなどの細胞内の多くのオルガネラは，かたちは明確だが対称性は低い．これらは構成タンパク質の種類も数も多く，対称的なかたちをつくりにくいからだと考えられる．一方，ウイルスカプシドや小胞体は，ほぼ同一の多数のタンパク質でつくられるため，高い対称性を保ち得るのだと考えられる．分子の世界では，同じユニットがたくさん集まって高い対称性をつくるものとして，結晶がある．だから超分子もこの結晶の対称性にならって分類されるのである（図3.2参照）．

　高い対称性をもつウイルスカプシドや小胞体の特徴は，それらが球殻構造体ということである．球殻といっても真の球ではなく多面体である．多面体は球と異なり，平面を折り曲げてつくることができる．すなわちウイルスカプシドも小胞体も，同一タンパク質が集まって二次元結晶をつくり，さらにその境界をなくすため（その方が相互作用エネルギーが充足されるので自由エネルギー的に有利．アンフィンゼン・ドグマの一例），閉じた平面，すなわち多面体をつくるとして理解される．多面体にはいろいろなかたちがあるが，ウイルスカプシドと小胞体はとくに対称性の高い多面体を実現している．その幾何学的意味とエネルギー的考察を順を追って説明する．そして，こうした対称性は，構成成分であるタンパク質の特異的相互作用から生まれる構造選択（アンフィンゼン・ドグマ）の一例であることを示したい．

　先のフラー・ドグマもアンフィンゼン・ドグマもともに，安定構造として正20面体構造を選択するところに，何かさらに根源的な選択原理の存在を感じさせる．しかしここではそれについて深入りしないことにする．

2.2 正20面体の幾何学

ウイルスカプシドのほとんどが正20面体（または等価な正12面体）であることを図3.4で見ていただきたい．このようにウイルスは種類や大きさが異っていても同じ対称性を保持する．構成タンパク質数と大きさとの関係を見るために，簡単な幾何学を展開しよう．

まず正20面体は，平面から簡単につくられることを図3.5に示した．平面を3角格子で覆い（図3.5(a)），それにはさみで切りこみを入れ，図のようにある点(A)を中心に格子と格子を重ね合わせる．図3.5ではACをADに重ねる．こうすると切れこみの端点，A点を中心とした正5角形ができ，そこが凸に盛り上がる．こうして多面体の一つの頂点ができる．この頂点をたくさんつくれば平面は立体的に閉じた多面体となる．では頂点をいくつつくればよいのか．

証明は後で行うが，頂点を等間隔に12個つくると（図3.4の多面体上の黒丸が5角形の頂点である）自然に20面体（図3.5(c)）ができ上がる．5角形の中心点（5角形の頂点）の間隔が大きくなると，その20面体はたくさんの3角形で覆われることになる．3角形の一辺の長さを1とすると，図3.4(a)の20面体では5角形の中心点間隔が1である．図3.4(b)と図3.5(c)の20面体は中心点間隔が$\sqrt{3}$である．図3.4(c)の20面体は中心点間隔が$\sqrt{7}$である．こうしてウイルスの頭はその大きさを中心点間隔で分類できる．図3.5(d)に示すように間隔が$\sqrt{n}$のとき，3つの5角形頂点で

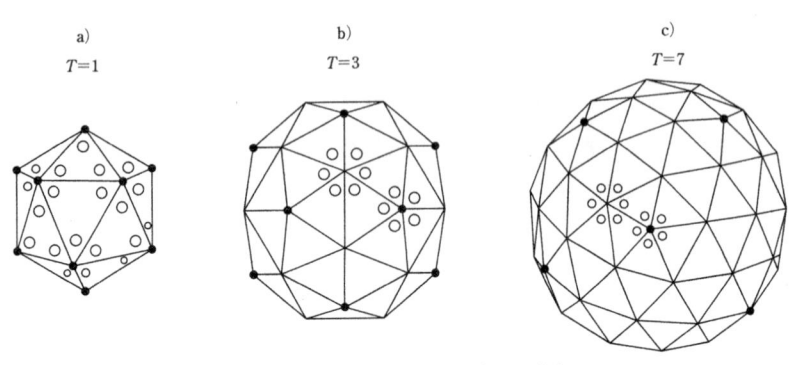

a) $T=1$　　　b) $T=3$　　　c) $T=7$

図3.4　いろいろなウイルスと多面体構造
上段の多面体上の黒丸は5角形の頂点．

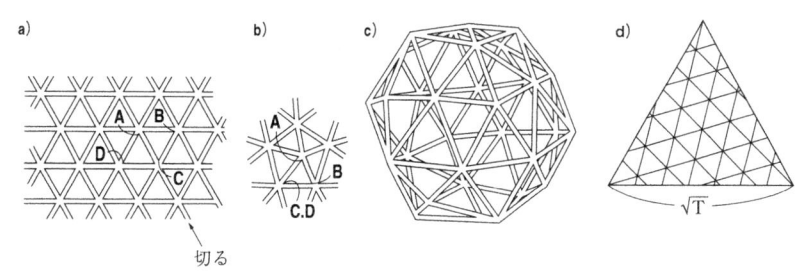

図 3.5 平面 3 角格子から 20 面体をつくる

つくる大きな 3 角形のなかに小 3 角形が n 個入ることになる．ウイルスはこの数字を用いて分類されることになる．

たとえば，T_3 ファージは（中心間隔）$^2=3$ を意味し，T_7 ファージは（中心間隔）$^2=7$ を意味する．こうして T_n が与えられると，ウイルスカプシドの幾何学的性質は一意的に確定する．また一般に一つの小 3 角形は 3 個のタンパク質から構成されるので，全タンパク数も定まる．こうして T_n のウイルスカプシド（正 20 面体構造）の性質は以下のようになる．

$$\left.\begin{array}{l}\text{隣り合う5角形の中心の間隔}=\sqrt{n}\\ \text{全小3角形数}=20n\\ \text{全タンパク質数}=60n\end{array}\right\} \quad (3.1)$$

$$\left.\begin{array}{l}\text{5角形頂点数（5角形の中心点）}=12\\ \text{6角面数（3角形六つからなる6角面面）}=10\times(n-1)\end{array}\right\} \quad (3.2)$$

たとえば $T_1=1$（ϕ_x ファージ）ではタンパク質数は 60 個であり，これはフラーレン C_{60} と同型である．T_7（λ ファージ）ではタンパク質数は 420 個となる．

次に正 20 面体構造は，なぜ 5 角形頂点数が一定数 12 でなければならないかを示そう．まず正多面体（同一の正多角よりなる多面体），アルキメデス多面体（二つ以上の正多角形よりなる多面体）にかぎらず，5 角形と 6 角形のみからなる一般の多面体はそれが閉じた構造であるかぎり，つねに 5 角形が 12 個であることを証明しよう．正 20 面体は各面が 3 角形でできているが，12 個の頂点を対称的に切り落とすと正 5 角形と正 6 角形ができる．ウイルスカプシドは正確にはこの切頭 20 面体である．各辺の中

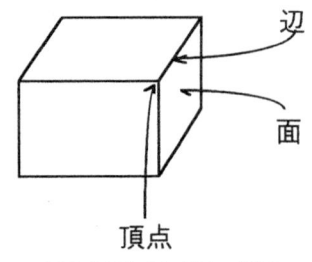

図 3.6 面と辺，頂点の関係
n 個の 4 角形の面があるとき，$4n/3$ の頂点と $4n/2$ の辺ができる．

心を通るように頂点を切り取ると，5 角形がちょうど 12 個となり，正 12 面体に移行する．図 3.2 の対称構造の分類からもわかるように，正 20 面体と正 12 面体の対称性は同じである．このことを基礎に以下の議論を展開しよう．

多面体は一般に面の数 f，辺の数 e，頂点の数 v とするとそれらの間に一意的な関係が成り立つ．

$$\text{オイラーの定理：} f+v-e=2 \quad (3.3)$$

5 角形と 6 角形で多面体をつくると必ず頂点は 3 つの面で囲まれるので，図 3.6 を参考に次の関係が導かれる．

n 個の 5 角形と m 個の 6 角形があるとき，

$$f=n+m, \quad v=\frac{5n+6m}{3}, \quad e=\frac{5n+6m}{2} \quad (3.4)$$

となり，これを式(3.3)に入れると

$$n=12 \quad (3.5)$$

という恒等式がでる．この意味するところは 5 角形が 12 個，6 角形は 0 よりはじめて任意の自然数をとってよいということである．$m=0$ のときは 5 角形のみよりなる正 12 面体ができる．相互に変換可能であるから，先に述べたように，正 12 面体と正 20 面体は同じ対称性をもつ．6 角形の数 (m) が増えると，切頭 20 面体構造（ウイルス）や対称性の低いいろいろな多面体（小胞体）ができる．m が式(3.2)に従う数，$10(n-1)$ のとき，すなわち 10 の倍数のときは，もっとも対称性の高い切頭 20 面体構造となる．われわれになじみのサッカーボールは正 5 角形 12 個，正 6 角形

20個より構成されている．これはT_3ファージと同型である．

　式(3.5)を導くために展開した議論は必ずしも5角形，6角形が正多角形であることを前提としていなかった．またmは任意の数でよかった．正多角形の条件をはずし，mを任意にとると，対称性の低い数多くの多面体がつくられる．こうした対称性の低い構造に対応するのが被覆（コート）小胞体である．細胞中の小胞体はほとんどコートタンパク質で覆われていると考えられているが，その割合はさまざまだろう．そのなかでも明確にタンパク質が同定でき，かつ全体構造が電子顕微鏡で確定できるものがある．たとえばクラスリン被覆小胞体（図3.7(a)）ではそれがとくに顕著である．この小胞体の場合は明確な多面体構造を保持しているように見える．これはクラスリンという骨格タンパク質が小胞を取り囲み安定化しているためである（3節参照）．図3.7(a)には種々の大きさとかたちの異なるクラスリン小胞体が示されている．そのなかでとくにサッカーボールに対応する小胞のモデルを図3.7(b)に示した．

　では被覆小胞のかたちとその種類はどう選択されるのか．幾何学的制約とエネルギー的制約の両方から考えてみよう．そのためには式(3.4)と式(3.5)で展開した5角形，6角形からなる多面体の構造分類をさらに詳細に行い，中味を吟味する必要がある．

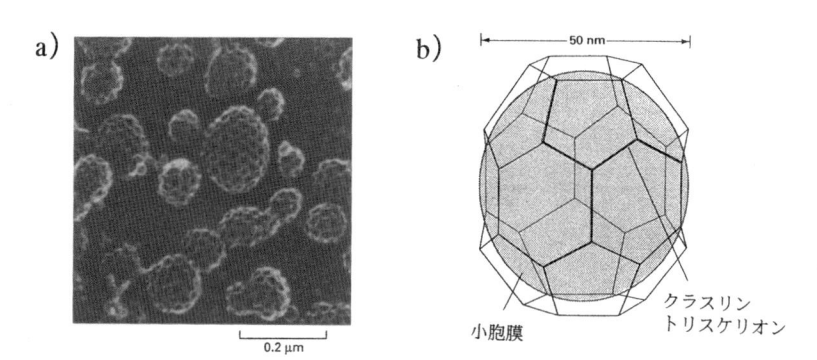

図3.7　被覆小胞体の2例
(a)クラスリン被覆小胞体（栄養物を外部からとり込む機能）(b)クラスリンタンパク質で囲まれた小胞体の形態モデル

2.3 被覆小胞体

5角形と6角形からなる多面体はその頂点が必ず3つの辺で囲まれている. 頂点のまわりの5角形と6角形の組み合わせを考えると, 頂点は4種類に分類される (図3.8). それらのタイプを v_0, v_1, v_2, v_3 と名づける. それ自体がまた頂点の数を表す変数であると考え, さらにそうした頂点がもつ歪みのエネルギーを $g_0^0, g_1^0, g_2^0, g_3^0$ に対応させよう.

まず幾何学的制約から頂点タイプの組み合わせと可能な多面体の分類を行う. すると, 以下の式がこうした多面体で成り立つ.

$$全頂点数 \quad v = v_0 + v_1 + v_2 + v_3 \tag{3.6}$$

さらに前節で得た5角形と6角形の数の制限を考慮すると, 頂点の数と辺の数の間に次の一意的な関係が成り立つ.

$$5角形数 \quad 12 = \frac{1}{5}(3v_0 + 2v_1 + v_2) \tag{3.7}$$

$$6角形数 \quad m = \frac{1}{6}(v_1 + 2v_2 + 3v_3) \tag{3.8}$$

m の数は6角形数であり任意である. これを0から順に変え, 式(3.6), (3.7), (3.8)を連立させ, $v_0 \sim v_3$ が自然数であるという制約のもとに解くと, いくつかの解が得られる. その結果をもとに $m=8$ までのすべての可能な多面体の分類を図3.9に示した.

この幾何学的考察によれば実に多様な被覆小胞構造が得られるが, 実際にクラスリン小胞体で観測された多面体はほとんどが正12面体, サッカーボール構造および図3.10に示す3種類の多面体であった. 幾何学的考察はかなり強力だが, それだけでは自然の行っている構造選択を正しく説明できない. そこで, 次に自由エネルギー最小則 (アンフィンゼン・ドグ

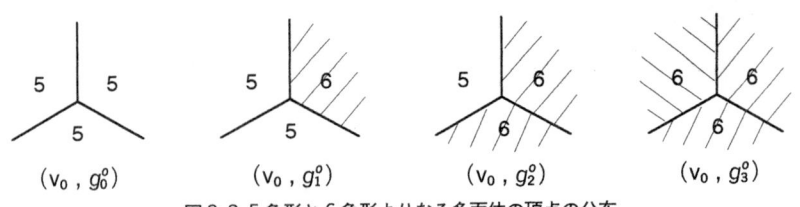

図3.8 5角形と6角形よりなる多面体の頂点の分布

(a) $m=2\text{-}8$ に対応するすべての多面体の分類表

番号	m	v_0	v_1	v_2	v_3	対称性
(1)	2	12	12	0	0	D_{6d}
(2)	3	8	18	0	0	D_{3h}
(3)	4	8	16	4	0	D_2
(4)	4	4	24	0	0	T_d
(5)	5	10	10	10	0	D_{5h}
(6)	5	6	18	6	0	C_{2v}
(7)	5	4	22	4	0	C_{2v}
(8)	6	6	16	10	0	C_2
(9)	6	8	12	12	0	D_{3d}
(10)	6	8	12	12	0	D_2
(11)	6	6	18	6	2	D_{3h}
(12)	6	4	20	8	0	C_2
(13)	6	2	24	6	0	D_3
(14)	7	6	10	16	2	C_2
(15)	7	4	18	12	0	C_2
(16)	7	4	18	12	0	C_s
(17)	7	3	21	9	1	C_{3v}
(18)	7	3	21	9	1	C_s
(19)	7	2	22	10	0	C_2
(20)	8	3	19	13	1	C_1
(21)	8	2	20	14	0	C_2
(22)	8	2	20	14	0	C_2
(23)	8	6	14	14	2	C_s
(24)	8	5	15	15	1	C_1
(25)	8	4	16	16	0	C_1
(26)	8	8	12	12	4	D_2
(27)	8	6	14	14	2	C_2
(28)	8	6	12	18	0	D_{3h}
(29)	8	2	20	14	0	C_{2v}
(30)	8	4	20	8	4	D_2
(31)	8	2	22	10	2	C_2
(32)	8	0	24	12	0	D_{2d}
(33)	8	0	24	12	0	D_{6h}
(34)	8	4	16	16	0	C_{2v}

(b)

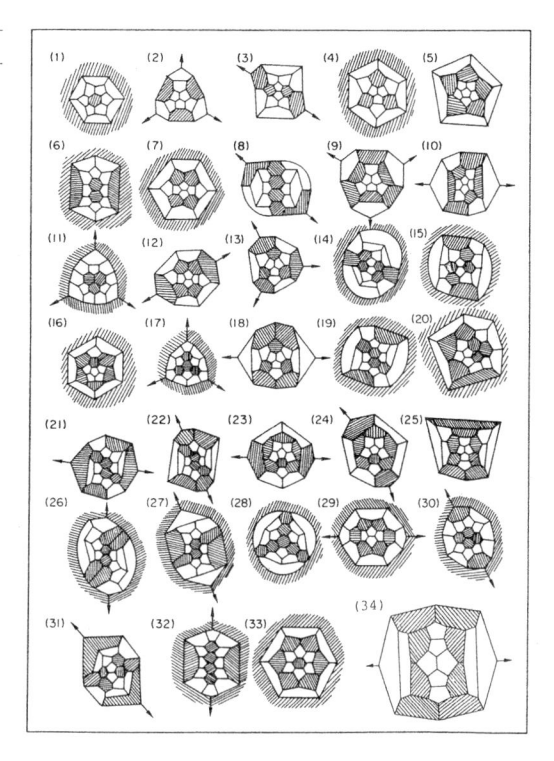

図 3.9 5 角-6 角多面体の分類とその対称性および構造

分類された多面体構造．表(a)と構造図(b)の番号は対応している．$v_0 \sim v_3$ の数と対称性も載せた．

多面体を平面上に表現するため，6 角形辺の一つに穴をあけたのち広げて，辺の相対位置を保持したまま平面にまで変形した．この外周を閉じ，対称性を整えるように各辺の形を変形していくともとの多面体となる．多面体とその平面表記法の関係の例は図 3.10 を参照のこと．

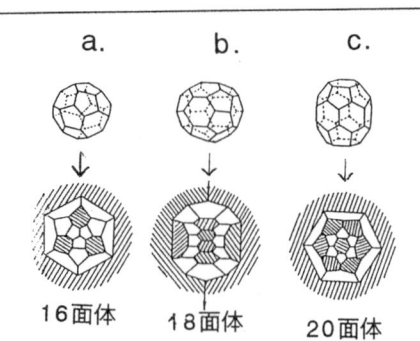

図 3.10 正 12 面体，切頭 20 面体以外のクラスリン小胞の構造

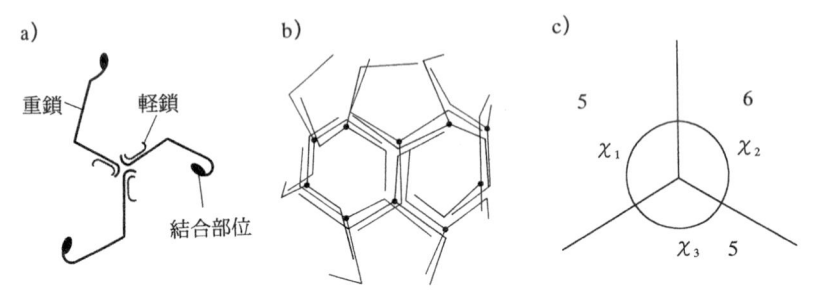

図 3.11 クラスリン小胞を覆う三つ足構造タンパク質と頂点の構造
(a)三つ足構造（トリスケリオン） (b)三つ足でつくる多面体の各辺 (c)頂点（この場合 v_1）の辺の角度

マ）の考察を行おう．

アンフィンゼン・ドグマを適用するには，多面体構造の自由エネルギーを計算する必要がある．そのためには多面体の自由エネルギーを具体的に評価する必要がある．まず自由エネルギーは，構造が大きさに比例する示量性の量であること，全系の自由エネルギーは，構成クラスリンのいろいろな構造体の配分の仕方の総和であることを考慮すると，安定性の指標は多面体の頂点 1 個の平均自由エネルギー（標準の化学ポテンシャルに対応）ということになる．

では頂点の自由エネルギーをどう評価するか．そのためには構成タンパク質の構造に立ち入った考察が必要となる．

クラスリンは図 3.11 (a)に示すような 3 つの足をもつ骨格構造（トリスケリオン）をもっている．これらは小胞を被覆するとき図 3.11 (b)のよう

に組み上がっていくと考えられている．すると各頂点の自由エネルギーは標準的なクラスリン構造からのずれ（頂点の歪みエネルギー）と隣り合うクラスリンタンパク質間の相互作用（頂点まわりでのタンパク質間相互作用エネルギー）の二つの和で書けると思われる．したがって図3.11(c)に示す頂点まわりの角度を用いて，頂点の平均自由エネルギー g^0 は以下のように書けるだろう（桂勲，1983）．

$$g^0 = \frac{1}{2}(1-\beta)K\{(\chi_1-\theta)^2+(\chi_2-\theta)^2+(\chi_3-\theta)^2\}$$
$$+\frac{1}{2}\beta K\{(\chi_1-\theta)(\chi_2-\theta)+(\chi_2-\theta)(\chi_3-\theta)+(\chi_3-\theta)(\chi_1-\theta)\}$$
(3.9)

第1項が頂点の歪みエネルギー，第2項が隣り合う辺間の相互作用エネルギーである．K は歪みの力定数，β はクラスリン間相互作用パラメータ，θ はトリスケリオンの最安定角度である．トリスケリオンが平面なら θ は $\frac{2}{3}\pi$ (120°) だが，非平面であれば $\theta < \frac{2}{3}\pi$ となるので，これもパラメータとなる．5角形と6角形が正多角形のとき（$\chi=\frac{3}{5}\pi$ あるいは $\frac{2}{3}\pi$），$0<\beta<1$ として図3.8に示す四つのパターンの頂点のエネルギーは次式で表される．

$$\left. \begin{array}{l} v_0: g_0^0 = \dfrac{3}{2}K\left(\theta-\dfrac{3}{5}\pi\right)^2 \\[6pt] v_1: g_1^0 = K\left(\theta-\dfrac{3}{5}\pi\right)^2 + \dfrac{1}{2}K\left(\theta-\dfrac{2}{3}\pi\right)^2 - \dfrac{K\pi^2}{450}\beta \\[6pt] v_2: g_2^0 = \dfrac{1}{2}K\left(\theta-\dfrac{3}{5}\pi\right)^2 + K\left(\theta-\dfrac{2}{3}\pi\right)^2 - \dfrac{K\pi^2}{450}\beta \\[6pt] v_3: g_3^0 = \dfrac{3}{2}K\left(\theta-\dfrac{2}{3}\pi\right)^2 \end{array} \right\} \quad (3.10)$$

これらの四つを比較し，最安定構造の推定を $g_1^0 \sim g_3^0$ の大小関係から定めると，表3.3の四つの場合にわけられる．表3.3から θ の角度が $\frac{19-\beta}{30}\pi$ より小さいとき，v_0 タイプの頂点のみでできた多面体が選択されることがわかる．それは正12面体構造であり（$m=0$），ウイルスの T_1 に対応する．θ の角度が $\frac{19-\beta}{30}\pi$ 以上，$\frac{19}{30}\pi$ 以下のとき g_1^0 が最小で v_1 タイプがすべてである多面体が選ばれるはずだが，v_1 のみからなる多面体は

表 3.3 θ の値で定まるトリスケリオン標準構造に依存した安定多面体の分類

ケース 1	$\theta < \dfrac{19-\beta}{30}\pi$	g_0^0 が安定→正 12 面体
ケース 2	$\dfrac{19-\beta}{30}\pi < \theta < \dfrac{19}{30}\pi$	g_1^0 が安定→図 3.10 の構造
ケース 3	$\dfrac{19}{30}\pi < \theta < \dfrac{19+\beta}{30}\pi$	g_2^0 が安定→T_3 構造（サッカーボール）
ケース 4	$\dfrac{19+\beta}{30}\pi < \theta$	g_3^0 が安定→平面シート（チューブ）

表 3.4 v_1 タイプの頂点を主にした混合タイプ多面体のもっとも安定な構造

	θ の範囲	構造
ケース 2-1	$\dfrac{19+\beta}{30}\pi < \theta < \left(\dfrac{19}{30}-\dfrac{\beta}{50}\right)\pi$	(4)
ケース 2-2	$\theta = \left(\dfrac{19}{30}-\dfrac{\beta}{50}\right)\pi$	(4), (13), (32), (33)
ケース 2-3	$\left(\dfrac{19}{30}-\dfrac{\beta}{50}\right)\pi < \theta < \pi$	(32), (33)

構造体の数字は図 3.9 の表中の番号に対応する．

立体幾何学的に不可能なので，$v_0 \sim v_3$ の四つのタイプの混合となり，さらに詳細な構造の比較が必要となる．

そのためには図 3.9(a) の表のうち v_1 の割合のもっとも多いものを探せばよい．すると θ の値によって最安定多面体は表 3.4 に示すように定まる．

図 3.10(a) が表 3.4 のケース 2-1 に対応する 16 面体で，3 回対称性をもっている．ケース 2-2 は 2-1 と 2-3 の中間で，図 3.10 に示すすべての多面体とさらに 18 面体(13)が可能となる．ケース 2-3 では図 3.10(b),(c) の二つの多面体，18 面体と 20 面体が可能となる．こうして頂点エネルギー g_i^0 の考察から，小胞体は図 3.9 に示すすべての多面体構造をとるのではなく，表 3.3 と表 3.4 に示す多面体構造に限定されることがわかった．実際図 3.7(a) のクラスリン被覆小胞を見ると，こうしたいくつかの多面体が実現しているのが見てとれる．

2.4 タンパク質の配置等価性

以上から多面体構造がエネルギー選択（アンフィンゼン・ドグマ）によりどう実現するかが説明された．次に，ウイルスカプシドはほとんど切頭

表 3.5 頂点エネルギーにより決まる安定多面体

もっとも低い エネルギーと 頂点タイプ	安定多面体	例
g_0^0, v_0	正 12 面体	ウイルス（T_1 ファージ），被覆小胞
g_1^0, v_1	構造 (4), (13), (32), (33)（ただし 6 角形の数<10 個）	被覆小胞
g_2^0, v_2	サッカーボール	被覆小胞，ウイルス（T_3 ファージ）
g_3^0, v_3	6 角形シート（チューブ）	ウイルス（タバコモザイクウイルス）

20 面体のみが実現しているのに，小胞体ではなぜ多くのバリエーションが可能なのか．その違いの理由について考えてみたい．

これまでに行った幾何学とエネルギー的考察から，タンパク質でつくられる安定球殻構造（多面体）は，表 3.5 のように頂点エネルギーの構造に対する依存性から分類されることがわかった．表 3.5 を見るとウイルスは高い対称性のみを好むのに対し，小胞体は比較的構造を自由に変える．これは両者の機能と関係してきわめて合理的に見える．ウイルスの頭（カプシド）はかたちと大きさが一定でなければ，一定量の DNA を収められない．一方，小胞体の役割は物質輸送なので，中味は厳密に一定量である必要はない．生物的説明はそれで充分だが，被覆小胞体の構造にバリエーションを与えている物理的理由は何であろうか．

それは構造体の固さの差，物理的にいえば構成タンパク質間の相互作用の強さの差である．もちろん多様構造をとる小胞体の方がやわらかいのである．長い腕を伸ばしたトリスケリオン構造にそれが現れている．

これまで 1 種類のタンパク質で多面体構造ができているような印象を与えてきたが，多面体が 5 角形，6 角形で構成されかつ頂点も 4 種類あるので，多面体の頂点と辺の配置は幾何学的には等価ではない．5 角形の辺は 5 個，6 角形の辺は 6 個のタンパク質でできているとして，その配置等価性を分類すると表 3.6 のようになる．

これからわかるように，1 種類のタンパク質で充足される構造は，配置等価な 1 種類の頂点をもつ正 12 面体（正 20 面体と等価）と平面シートのみである．これ以外の構造は，たとえばサッカーボールの場合は 2 種類，16 面体 (4) の場合は 3 種類のタンパク質構造が必要となる．構成タンパ

表 3.6 安定多面体の各辺をつくるタンパク質の配置等価性

多面体	配置等価性
正 12 面体	v_0^5
16 面体 (4)	v_0^5, v_1^5, v_1^6
18 面体 (13), (32)	$v_1^5, v_2^5, v_1^6, v_2^6$
20 面体 (33)	$v_1^5, v_2^5, v_1^6, v_2^6$
サッカーボール	v_2^5, v_2^6
平面シート	v_3^5

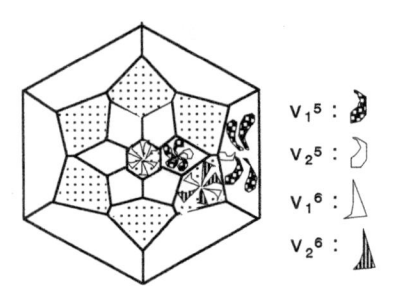

V_1^5 :
V_2^5 :
V_1^6 :
V_2^6 :

v_0^5 とは v_0 タイプの頂点で 5 角形の辺上にあるタンパク質の配置等価性を表す. 20 面体 (33) の場合について具体的な等価性を右側の図に示した. この場合タンパク質の構造は最低 4 種類が必要. かっこ内の数字は図 3.9 の表中の番号に対応する.

ク質がやわらかく(小胞体の場合にあたる), これら異なる構造を変形可能な 1 種類の構造で充足できれば問題はないが, しっかりした構造をもつウイルスカプシドは, 固い構造の多種類のタンパク質を必要とする. ウイルスはゲノム数を極小化する傾向があり, これは自然選択の意味で有利ではない. したがってウイルスカプシドは, 1 種類のタンパク質でこと足りる正 12 面体構造と, 平面シートでできるチューブ構造に選択されていく. これがウイルスにおけるフラー・ドグマ (最少材料による最大効率)の表現である. 一方, 小胞体を覆うクラスリンは細長くやわらかい構造で, 非等価な構造をつくってもそれほどエネルギー的に不利ではない. したがって 1 種類の被覆タンパク質で多種類の多面体構造をカバーできることになる. これも「最少材料で最大効率」というフラー・ドグマの表現と見てよいだろう.

以上から, ウイルスと小胞体の多面体構造がアンフィンゼン・ドグマ (熱力学的選択)とフラー・ドグマによりどう構造選択されるかがわかっていただけたと思う. タンパク質の構造, 物性を決めるのが遺伝子の働きであり, 可能な集積構造のなかから少数を選ぶのが熱力学的法則であるという図式がここでも成り立っている. しかもウイルスの例では, ゲノム数極小化という自然選択からの要請が顔をのぞかせ, 二つの対称構造 (20 面体, チューブ)のみの選択を許している. フラー・ドグマを「最少材料で最大効率」と読みかえたとき, それは何らかの意味で生物の適応戦略の根源にある自然選択と結びついているのだろう.

ところで，頂点エネルギー g_0^0, g_2^0 などは自由エネルギーの標準部分であり，実はこれらの値をもつ頂点が，エネルギーの大きさに従って分布するのが現実の（熱力学）系である（5章参照）．しかし g_i^0 間に大きなエネルギー差があるときは，一種類のみ高い存在確率を示し，それが選ばれる．これがウイルスのケースである．しかし細胞のなかの小胞体は，実際にはここで行った議論以上にいろいろな構造を示す．これは，構造のやわらかさのためである．すなわち，タンパク質間相互作用が弱くなると生体材料はやわらかくなり，脂質-タンパク質複合体は一般に構造が多様化する．そのことについて次に考えてみたい．

3 小胞体，膜系の幾何学と熱力学

被覆小胞は膜をつくる主成分として脂質をもっている．またウイルスでも脂質を構成成分としてもったものがあり，細胞内の核膜に似ている．このように，細胞は機能をもった小さな袋が集積してつくられている（この古典的な細胞イメージについては前章で批判的に再考した）．たとえば図3.12のような多くの膜系の構造体が知られている．これらの構造の多様さはどこからくるのであろう．それは不思議なことなのだろうか．

脂質のみからなる小胞体（リボソーム）は実にさまざまな形態をとることがすでに物理化学で知られている．ただしリボソームの場合，いろいろなかたちが分布し，かつそれらは刻々とかたちを変えてとどまるところがない．したがって細胞における膜構造の不思議はその多様性にでなく，むしろそのかたちが固定化されること，および合目的に変形するところにあるといえる．選択原理からすれば，これはまず可能な存在の形式を脂質集積体が提供し，生物はそのなかのいくつかを必要に応じて選んでいるということになる．では「選ぶ」とはこの場合，何を意味するのか．複雑な膜系の構造ダイナミックスについて考えてみよう．

本章ではまず可能態としての脂質二重膜系の構造多様性を幾何学と熱力学などの立場から論じよう．

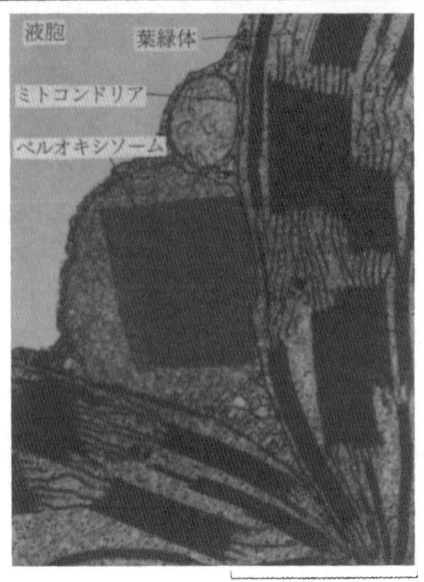

図 3.12 細胞中の種々の膜構造

3.1 膜系超分子構造の幾何学

一般に膜系超分子には球状ミセル，円筒状ミセル，ベシクル，細胞膜，ラメラなどいろいろなかたちが知られている．このなかでミセル以外が脂質二重膜だが，ここではすべてをひとまとめにして総括的に議論したい．何がこれらのかたちを決めているのか．非常に簡単な幾何学的考察から，これらが構成脂質の分子形状によって決まっていることがわかる．

脂質は両親媒性物質の一種だが，水中で特別な会合の仕方をする．親水基の頭部どうし，疎水基のしっぽどうし（アルキル鎖）が集まるのである（コラム⑧参照）．そして頭部と尾部の相対的な大きさにより図 3.13 に示すようないろいろな集積を行う．ここで頭部と尾部の相対的大きさを臨界充てんパラメータ $V/(a_0 l_c)$ で示すと，膜構造の種類がその大きさにつれて見事に分類されるのである．

ここで臨界充てんパラメータの意味を球状ミセル（図 3.14）を例に明らかにしよう．頭部 1 個が平均的に占める面積は，同一イオンの電気的反発のためある一定値 a_0 をもつ．尾部（アルキル鎖）が三角錐のとき，この

脂　質	臨界充てんパラメータ $v/a_0 l_c$	臨界充てん形	形成される構造
大きな頭部をもつ単鎖脂質（界面活性剤）：低塩濃度におけるSDS	<1/3	円錐 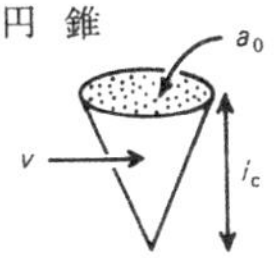	球状ミセル 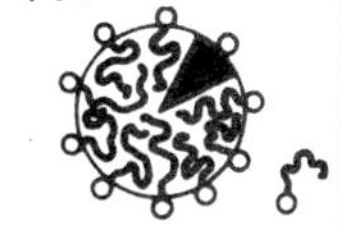
小さな頭部をもつ単鎖脂質：高塩濃度中のSDSおよびCTAB，非イオン性脂質	1/3-1/2	切頭円錐 	円筒状ミセル 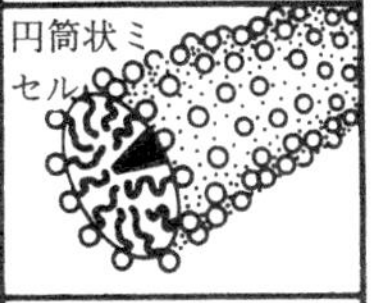
大きな頭部をもつ2本鎖脂質，液体状鎖：ホスファチジルコリン（レシチン）ホスファチジルセリンホスファチジルグリセロールホスファチジルイノシトールホスファチジン酸スフィンゴミエリン，DGDG[a]ジヘキサデシルリン酸ジアルキルジメチルアンモニウム塩	1/2-1	切頭円錐 	屈曲性2分子層，ベシクル 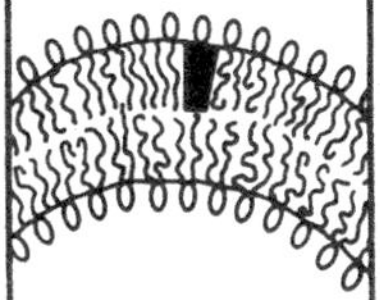
小さな頭部をもつ2本鎖脂質，高塩濃度中の陰イオン性脂質，飽和凍結鎖：ホスファチジルエタノールアミンホスファチジルセリン+Ca^{2+}	~1	円筒 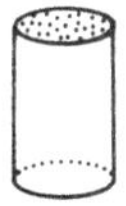	平面状2分子層 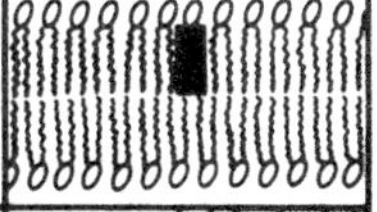
小さな頭部面積をもつ2本鎖脂質，非イオン性脂質，ポリ（シス）不飽和鎖，高温：不飽和ホスファチジンエタノールアミンカルジオリピン+Ca^{2+}ホスファチジン酸+Ca^{2+}コレステロール，MGDG[b]	>1	逆転した切頭円錐またはくさび 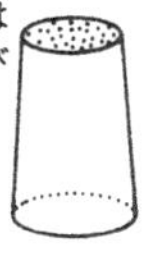	逆ミセル 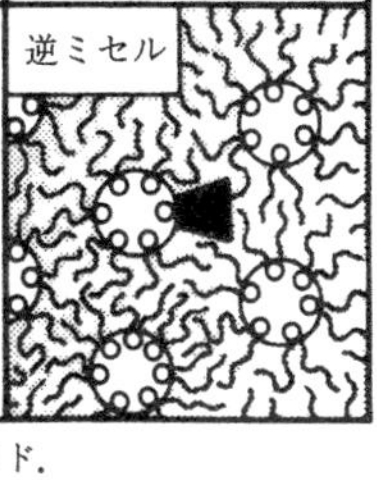

a) DGDG, ジガラクトシルジグリセリド，ジグルコシルジグリセリド．
b) MGDD, モノガラクトシルジグリセリド，モノグルコシルジグリセリド．

図3.13 臨界充てんパラメータ（脂質の形）と膜集積構造

脂質は集合して図3.14のようなミセルをつくる．三角錐がすき間なく球に詰めこまれているときの脂質体積（実は尾部の体積）を v_c とすると，底面積 a_0 とアルキル鎖の平均的長さ l_c により，次のように表される．

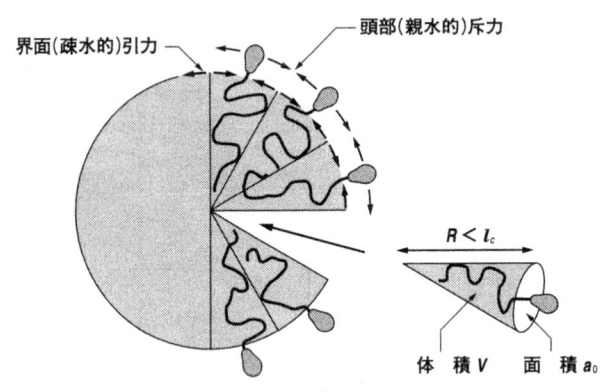

図3.14 頭部面積と尾部体積で決まるミセル構造

$$v_c = \frac{1}{3} a_0 l_c \tag{3.11}$$

一般に脂質体積 (v) が臨界充てんパラメータ v_c より小さければ, やはりミセル的な詰まり方が期待される.

$$v \leq v_c = \frac{1}{3} a_0 l_c \tag{3.12}$$

すなわち

$$\frac{v}{a_0 l_c} \leq \frac{1}{3} \tag{3.13}$$

が球状ミセル形成の条件となる. これで $v/a_0 l_c$ を臨界充てんパラメータとした意味がわかっていただけたと思う.

アルキル鎖が1本の単鎖脂質の場合は式(3.13)の条件が満たされる. 家庭で使う中性洗剤, せっけんがこれらの代表的な例である. 尾部の体積 v が増えると球には収まらなくなり, 円筒状ミセルを経て二分子層のベシクルができる. 尾部を大きくする簡単な方法は尾を2本つけること, すなわち二本鎖脂質にすることである. われわれの体の細胞膜の主成分はすべてこの二本鎖脂質でできており, この脂質の小胞体はミセルではなく, ベシクルと呼ばれる. リボソームはこのベシクルの一種で, 細胞のように単一の膜でできている. このとき臨界充てんパラメータは1/2と1の間に入る. 尾の体積がさらに増え $v/a_0 l_c$ が1付近になると平面二分子膜, 1を越える

表 3.7 典型的脂質の幾何学的形状と臨界充てんパラメータ

	頭部面積 $a_0(nm^2)$	尾部の長さ $l_c(nm)$	尾部体積 $v(nm^3)$	臨界充てんパラメータ $v/a_0 l_c(nm)$	直径または膜厚 $t(nm)$
SDS	0.57	1.67	0.35	0.37 (だ円球ミセル)	2.3
卵黄レシチン	0.717	1.72	1.063	0.85 (ベシクル)	3

と逆ミセルが実現する.これらのことすべてが図 3.13 に示されている.

生体中では,2 価イオンの頭部への吸着や,異なる充てんパラメータをもつ脂質の膜への溶解,さらに膜タンパク質の溶解,吸着などにより,平均的な充てんパラメータが変わり,膜構造間の変化が起こる.たとえば Ca^{2+} イオンが水につき出た脂質頭部につくとリン酸イオン間の反発力を減らし,頭部面積を小さくし,充てんパラメータを大きくする.また尾部の不飽和性が増すと体積が増え,同じく $v/a_0 l_c$ が大きくなる.これらの影響でともに大きなベシクルになり最後は逆ミセルに変わる.混合物の典型はわれわれにおなじみのコレステロールであり,これは充てんパラメータが 1 より大きいため,膜に溶け込むと細胞膜は平面構造が有利となって,曲がりにくくなる.血管内皮細胞や体の細胞の細胞膜にコレステロールがたまるとこうした形状が引き起こされると考えられている.膜の変形がこうした単純な幾何学的考察で説明できることは示唆的といえる.ここで具体的な 2 例について,$v/a_0 l_c$ をを計算し,表 3.7 に示した.

0.37 という充てんパラメータから考えると,分子生物学で広く使われているドデシル硫酸ナトリウム (SDS) は完全な球というより扁平球と考えられる.SDS は塩濃度により充てんパラメータが変わり,低塩濃度で球,高塩濃度で扁平となる.典型的生体膜のレシチン(フォスファチジルコリン)では,充てんパラメータから考えるとベシクルのみが実現する.ベシクル二重層の平均膜厚はこれらのパラメータから次式で与えられる.

$$膜厚 = t = \frac{2v}{a_0} \tag{3.14}$$

3.2 膜の力学的性質

頭部面積 a_0 は何で定まっているのだろうか．これは頭部を形成するイオン自体や官能基の原子団自体の大きさではなさそうである．先にも述べたように，会合し，集積したときはじめて現れる性質であろう．すなわち分子間の力，引力と斥力のバランスで生まれる安定構造の性質である．これを表現するのが1分子あたりの界面自由エネルギー（化学ポテンシャル μ^0）の頭部面積（a）依存性である．

$$\mu^0(a) = \gamma a + \frac{\xi}{a} \tag{3.15}$$

γ は炭化水素鎖間の引力エネルギーであり，$\gamma > 0$ なので第1項は a が小さいほど小となる．ξ は静電的斥力を表し，$\xi > 0$ なので第2項は a が大きいほど小さくなる．$\mu^0(a)$ の極小値が実現される自由エネルギー，そのときの a が頭部面積 a_0 ということになる．式(3.15)を書き直すと

$$\mu^0(a) = 2\gamma a_0 + \frac{\gamma}{a}(a - a_0)^2$$

$$a_0 = \sqrt{\frac{\xi}{\gamma}} \quad \text{（最適表面積）} \tag{3.16}$$

となる．式(3.16)の第2項はつねに正なので，界面 $a = a_0$ のとき $\mu^0(a)$ は極小値をとることがわかる．式(3.15)において界面張力 γa と静電斥力 ξ/a は，分子的には図3.15のような分子的な描像をもっている．界面張力は界面が形成されることによるエネルギー的不利さを表し，つねに表面積を減らすように働くので，界面の収縮圧力となる．静電斥力は頭部イオンの反発として，逆に展開圧力となる．また γ は炭化水素鎖と水との界面エネルギーなので，アルキル鎖の有機溶媒と水との界面エネルギーで近似できる．したがって式(3.15)の第2項は，以下の表面張力エネルギー式で表される．

$$\varepsilon(a) = \frac{1}{2}\xi_a \frac{(a - a_0)^2}{a} \tag{3.17}$$

$$\xi_a = 2\gamma \text{（単分子層）}, \quad \xi_a = 4\gamma \text{（2分子層）}$$

生体膜が自由端をもつとき，表面張力 γ はアルキル溶媒の値から $\xi_a =$

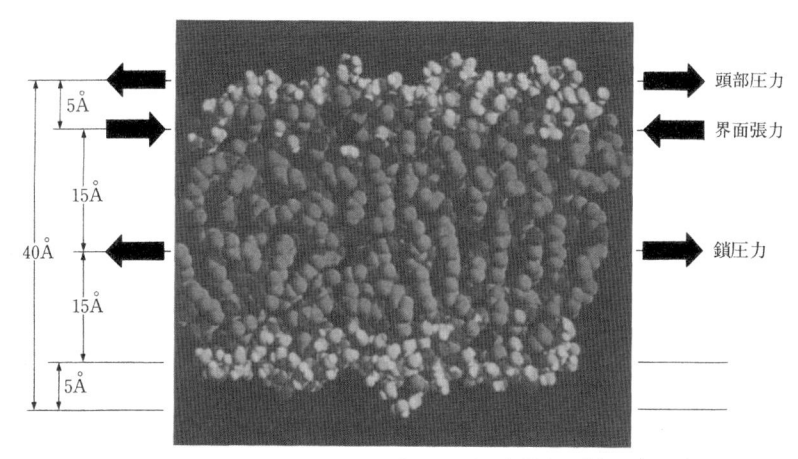

図 3.15 レシチン二重層の構造と，構造に起因する内部圧力

$4\gamma = 80\text{-}200 \text{ mJ/m}^2$ と予測され，実測との一致もよい．

図 3.13 に示したように膜の曲がり方はさまざまである．これは構成分子のかたちと相互作用で定まる安定曲率があるからである．安定曲率があると，膜は張力の他に曲げ弾性をもつことになる．曲げ弾性が生じるのは二重層を曲げると内側が圧縮され，外側が延ばされるからである．その曲げ弾性エネルギー（単位面積あたり）は以下のように表現される．

$$\eta(R) = \frac{1}{2} \cdot \frac{\xi_\mathrm{b}}{R^2} \quad \text{(平面安定のとき)}$$
$$= \frac{\xi_\mathrm{b}}{2}\left(\frac{1}{R} - \frac{1}{R_0}\right)^2 \quad \left(\text{安定曲率が } \frac{1}{R_0} \text{ のとき}\right) \quad (3.18)$$

ξ_b は曲げ弾性率であるが，その大きさは隣り合う脂質の頭部とアルキル鎖の引力-斥力バランスで決まる．

ところでこの曲げ弾性エネルギーを用いて，この節のはじめに提起した小胞体の構造の問題を考えよう．相互作用の強いタンパク質で覆われた小胞体ほど一定のかたちを保ちやすくなることが証明される．

3.3 小胞体集積の熱力学

脂質二重膜のベシクル（リボソーム）のかたちと大きさが，幾何学的な

理由によっておおよそ決まることを前節で述べた．しかし，これはあくまで平均の話で，実際にはその大きさは幅広く分布する．平均半径自体はリボソームの場合，幾何学的パラメータを用いて次の式で定まる．

$$半径 = R_c = \frac{l_c}{1 - v/a_0} \quad (3.19)$$

卵黄レシチンでは半径約 11 nm で，そこには約 3000 個の脂質分子が詰まっている．

ではこの平均的大きさのまわりにリボソームはどのように分布するのであろうか．これを定めるのが先に示した変形に伴う弾性エネルギーの大きさである．これについて熱力学の考察を行う．そのためにまず会合体の自己集積の熱力学方程式を導こう（化学熱力学の入門については5章で展開する）．

集積体は大きさがいろいろあり，それらの間には化学的平衡が成り立っていると考える．すなわち単量体とのやりとりを通じて，異なる大きさの集積体の数の割合が一定に定まる．これを N 量体と単量体のあいだの平衡関係として表現したのが図 3.16 である．熱力学ではいくつかの化学種があるとき，それら化学種の生成，消滅の速さが等しいとき平衡状態になったと表現する．単量体と N 量体の平衡の場合，図 3.16 を参照すると以下の化学平衡式が得られる．

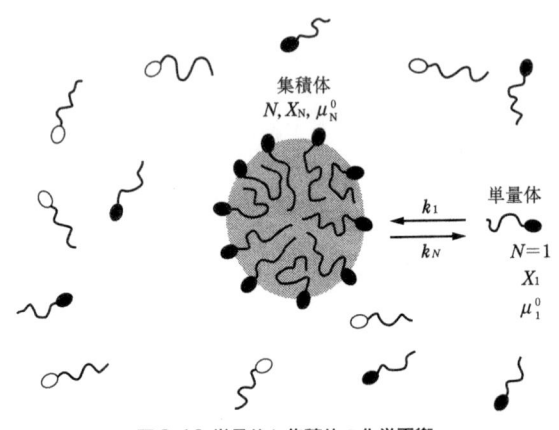

図 3.16 単量体と集積体の化学平衡

$$k_1 C_1^N = k_N C_N \tag{3.20}$$

左辺が N 量体のできる速さ,右辺が単量体のできる速さで,両者がつりあっていることを示している. k_1, k_N は速度定数で,また C_1 は単量体の濃度(数密度), C_N は N 量体の単量体換算濃度(数密度)である.さらに単量体のときの脂質分子1個あたりの標準自由エネルギー μ_1^0 と, N 量体のときの脂質分子1個あたりの標準自由エネルギー μ_N^0 を用いて,式(3.20)は次式に変形される.ここで μ_i^0 は3章2.2節に出てきた多面体の頂点エネルギー g_i^0 と同じ,相互作用エネルギーを意味する.

$$K_a = k_1/k_N = \exp\left(-\frac{N(\mu_N^0 - \mu_1^0)}{kT}\right) \tag{3.21}$$

式(3.21)は会合の平衡定数 K_a が μ_N^0 と μ_i^0 という自由エネルギーの差によって表されることを示している(正確には化学ポテンシャル差.5章参照).

式(3.20),(3.21)より次式が導かれる.

$$\mu_1 = \mu_1^0 + kT \log_e C_1 = \mu_N^0 + \frac{kT}{N} \log_e C_N = \mu_N \tag{3.22}$$

式(3.22)はそれぞれの濃度における単量体, N 量体の化学ポテンシャル(μ_1, μ_N)が等しいという平衡条件を表している.また以下の変形からわかるように, N 量体の濃度を定める基本の熱力学方程式でもある.

$$C_N = \left[C_1 \exp\left(\frac{\mu_1^0 - \mu_N^0}{kT}\right)\right]^N \tag{3.23}$$

$$C_N = \left[C_M \exp\left(\frac{M(\mu_M^0 - \mu_N^0)}{kT}\right)\right]^{\frac{N}{M}} \tag{3.24}$$

以上の式から濃度 $C_N (N=1,2,\cdots)$ を決めているのは標準化学ポテンシャル $\mu_N^0 (N=1,2,\cdots)$ であることがわかる.逆に μ_N^0 がわかれば, C_N すなわち N 量体の濃度がわかる.この μ_N^0 は N 量体の大きさ N に依存して変化する.では μ_N^0 をどうやって見積もるのか.

3.4 小胞体の大きさは何で定まっているのか

ここでリボソームのみならず脂質とタンパク質の両者を構成単位とする

プロテオリボソーム（細胞内の一般的小胞体）について考えよう．$\mu_N{}^0$ を見積もることができれば式(3.22)-(3.24)から小胞体の大きさの分布，すなわち C_N の N 依存性がわかる．ただしここでは脂質分子，タンパク質分子の詳細を区別せず，それらの平均的な力学的性質で議論する方法をとる．こうすることで前に述べたリボソーム，またはプロテオリボソームの弾性的力学エネルギーの表式を $\mu_N{}^0$ に結びつけて議論できるのである．

これからの便宜のために，N 量体の濃度 C_N を半径 R の大きさをもつ小胞体の濃度 $C(R)$ で，$\mu_N{}^0$ を半径 R の小胞体中の単量体1分子の平均自由エネルギー $\mu_R{}^0$ で表現しよう．この場合，小胞体は半径 R_0 の安定構造のまわりに分布するとする．すると前節の曲げ弾性エネルギー ($\eta(R)$) を用いて半径 R の小胞体中の単量体の自由エネルギーは以下の式で与えられる．

$$\begin{aligned}\mu_R{}^0 &= \mu_{R_0}{}^0 + a_0 \eta(R) \\ &= \mu_{R_0}{}^0 + \frac{a_0 \xi_\mathrm{b}}{2}\left(\frac{1}{R}-\frac{1}{R_0}\right)^2 \\ &= \mu_{R_0}{}^0 + \frac{a_0 \xi_\mathrm{b}}{2R^2}\left(1-\frac{R}{R_0}\right)^2 \\ &= \mu_{R_0}{}^0 + \frac{2\pi \xi_\mathrm{b}}{N}\left(1-\frac{R}{R_0}\right)^2 \end{aligned} \quad (3.25)$$

ここで $\mu_{R_0}{}^0$ は安定構造の標準自由エネルギーである．ただしその中味は問わない．また a_0 は単量体（脂質とタンパク質の複合体の場合は両者の単量体等価物）の占有表面積で，集積体の個数と半径とを結ぶ関係を与える．すなわち一般の集積体 $N=4\pi R^2/a_0$，および安定集積体 $M=4\pi R_0{}^2/a_0$ となる．式(3.24)と(3.25)より，以下の変換を用いて

$$C_N \to C(R), \quad C_M \to C(R_0) \quad \mu_N{}^0 \to \mu_R{}^0, \quad \mu_M{}^0 \to \mu_{R_0}{}^0$$

$$\begin{aligned}C(R) &= \left[C(R_0)\exp\left(-\frac{M}{N}\cdot\frac{2\pi\xi_\mathrm{b}}{kT}\left\{1-\left(\frac{R}{R_0}\right)\right\}^2\right)\right]^{\frac{N}{M}} \\ &= \left[C(R_0)\exp\left\{-\frac{2\pi\xi_\mathrm{b}}{kT}\right\}\right]^{\frac{R^2}{R_0{}^2}} \end{aligned} \quad (3.26)$$

を得る．小胞体分布が狭いとき $R^2/R_0{}^2 \sim 1$ とおけるので，式(3.26)は次式で近似される．

$$C(R) = C(R_0) \exp\left[-\frac{2\pi\xi_b}{kT}\left\{\left(1-\frac{R_0}{R}\right)^2\right\}\right] \quad (3.27)$$

上式は小胞体半径の逆数 R^{-1} に対する単純なガウス型分布関数を与えている．これよりたとえば，半径のバラツキの指標である標準偏差 σ^2 がすぐに求まる．

$$\sigma^2 = \langle (R-R_0)^2 \rangle = \frac{\int_0^\infty (R-R_0)^2 C(R) 4\pi R dR}{\int_0^\infty C(R) 4\pi R dR} = \frac{kT}{4\pi\xi_b} \quad (3.28)$$

式(3.28)はまた，平均半径 R_0 と半径のバラツキ σ^2 がわかれば，プロテオリボソームの曲げ弾性率 ξ_b が求まることを意味する．

$$\xi_b = \frac{kT}{4\pi}\left(\frac{R_0}{\sigma}\right)^2 \quad (3.29)$$

式(3.29)から，たとえば，プロテオリボソームの大きさが一定で分布が狭いこと（すなわち R_0/σ が大きいこと）は，大きな ξ_b，すなわち大きい曲げ弾性率が背後にあることを意味する．大きい曲げ弾性率は曲げに対する抵抗を意味するから，小胞体が安定構造から大きくはずれず，一定のかたちを保持できることになるのである．

ここで人工的につくった被覆小胞体，バクテリオロドプシン (bR) 小胞体についての分布の実測例を紹介し，その曲げ弾性率を推定しよう．図3.17 は bR 小胞体が一種の二次元結晶をつくっている電子顕微鏡写真である．

このように人工的なタンパク質脂質小胞体が結晶をつくれるほどに大きさがそろっているのは驚きであるがその理由を考えてみよう．

この結晶中の各 bR 小胞体の半径を測り，その分布を調べた結果が図3.18 に示してある．分布は予想どおりほぼガウス型であった（R の分布が狭いので変数を R^{-1} にとっても R にとってもほぼ同じガウス型となる）．これにより平均半径 $R_0=15.7$ nm，標準偏差 $\sigma=0.7$ nm が求まった．この結果を式(3.29)に代入すると

$$\frac{\xi_b}{kT} = \frac{1}{4\pi}\left(\frac{R_0}{\sigma}\right)^2 = 40 \quad (3.30)$$

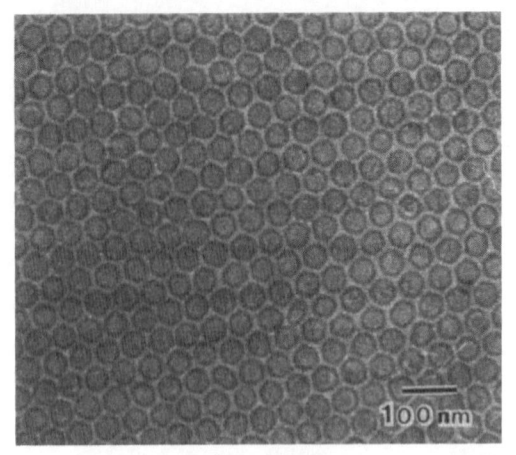

図 3.17 bR 小胞体が非晶質氷の薄膜中でつくった二次元結晶
電子顕微鏡写真から測った bR 小胞体の平均半径は約 16 nm．

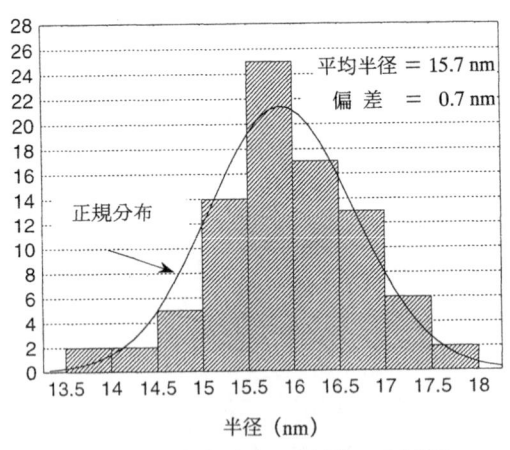

図 3.18 bR 小胞体の大きさ（半径）の分布関数

bR 小胞体の曲げ弾性率　　$K_b = 1.6 \times 10^{-19}$ J

となった．この値は，赤血球膜で測定されている曲げ弾性率 1×10^{-19} J にほぼ等しい．赤血球膜は内側がタンパク質に裏打ちされており，膜としては固いことが知られている．一方，bR 小胞体の値をタンパク質を含まないリポソームの値

リポソームの曲げ弾性率　　$k_b = 0.02\text{-}0.02 \times 10^{-19}$ J　　(3.31)

と比べるとその曲げ弾性率が10-100倍大きいことがわかる．これは被覆小胞体（bR小胞体）がタンパク質間の相互作用で極度に固くなり，安定化されていることを意味する．タンパク質が加わるとこうしてオルガネラは固体的になり，さらにかたちが一定の大きさに定まっていく．ここにもタンパク質による構造の選択原理が働いているのを見ることができる．

コラム④　溶かす水──水の話1

　地球の水は年々増えているという説が近ごろ科学雑誌上やTVで話題を呼んでいる．5,6年前にもそんな説を唱えた本を読んだことがあり，そのときの証拠は衛星写真で，地球の表面の雲のなかに見られる微小彗星の突入痕であった．どう見ても通信画像のノイズにしか見えず，信じられなかったが，冥王星はるかかなたの彗星の巣，オールトの雲から主成分が水である彗星が雨のように地球に降り注ぐ，という新説は何か幻想的思いを抱かせた．

　水とは生命の生まれ出ずるふるさとである．水そのものが神秘である．私たちの水に対する思いは，生活感情でも，いや科学的にさえ一種特別である．その神秘感がいきすぎると科学の衣をまとったいろいろな水が出現することになる．πウォーター，アルカリ水，ポリウォーター，そして水のクラスター．とくに最後のものはおいしい水，酒などと関連づけられて，アルコールや水の超音波・振動処理などというあやしげなものを生み出した．しかし，こうした水の効能についてきちんとした証拠が提出されたためしがない．ミネラルウォーターにしても，ふつうに食事をしていれば必要なミネラルは体にとりこまれるのだから，気休め程度のものである．消毒臭い水道水から逃れたいのなら，沸騰水で充分である．

　では水は本当に神秘的液体だろうか．答はイエスである．ただし，それは科学的に答えられる水の特別な性質を指す．水の神秘性の根源は「水である」ということである．禅問答をやっているんじゃないと言われる前に，注釈を加えよう．

　空気中の酸素でも，窒素でも，炭酸ガスでも，そして都市ガスのプロ

パンでも，一般に小さくて軽い分子は，常温常圧で気体である．低分子は分子どうしの引き合う力が弱く，地球環境では凝結できないからである．液体にするには $-100°C$ 以下に冷やす必要がある．唯一の例外が水である．すなわち，H_2O のようなもっとも軽い分子が常温常圧で液体であることが，例外的なのである．この例外は水分子間の強い相互作用（水素結合）から生まれる．そして，それが水に特別の性質を付与する．すなわち，他の分子とも適度に相互作用し，かつ水の密度が高いため，水はあらゆる他の物質をよく溶かす．先ほどのミネラル（ナトリウム，金属などの各種イオン）もその性質のため水に溶ける．そして，有機物質，核酸，アミノ酸，タンパク質，糖類，アルコールなどなど．さらに水のなかでは実にさまざまな化学反応が容易に進行する．生命の生まれる素地がここにあり，あらゆる産業が水から恩恵を被る基盤がここにある．当たり前すぎてかえって見えないこのこと，「水（液体）である」ことが，実は他の物質にない水固有の性質，神秘なのである．

4 タンパク質の構造と物性

1 アンフィンゼン・ドグマ

1.1「情報」と「構造」

複雑な機械や建築物をつくるのに設計図が必要だが，それを本書では端的に情報と呼んでいる．情報とは妖精のようにとらえがたい概念である．そもそも情報には重さがない．だから遺伝情報を物理量（モノに依拠した量）として定義するのは困難である．しかしわれわれはそれが何であるかを知っている．もちろん情報量というものを定義できるし，日常でも「情報が多い」という表現が使われる．しかしそれらは物理量のような客観的量ではなく，状況依存的な感覚的な量である．情報はある意味で物質的自然にはない生物固有の特性であるといってよい．では遺伝情報とは何か．それは何をやっているのか．

体づくりにおける遺伝情報の働きを要約したのが図 4.1 である．ポイントの第一は，遺伝情報はタンパク質の合成（アミノ酸配列）過程のみに関与するということ．第二は体のほとんどはタンパク質でできており，それの相互作用が生物の構造と機能を生むということ．たとえばタンパク質は自己集積し，複雑で大きな構造物（オルガネラ）をつくることを前章で学んだ．

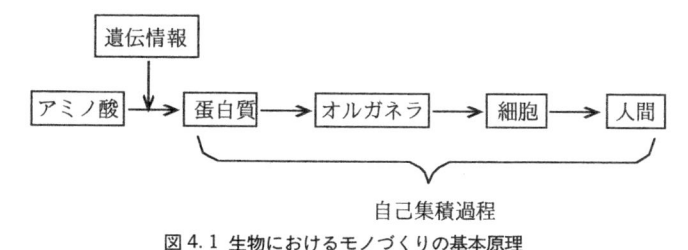

図 4.1 生物におけるモノづくりの基本原理

図4.1の基本原理はこれまで述べてきた二つの選択原理，遺伝的選択と熱力学的選択を言いかえたものである．ここで重要なのは化合物としてのタンパク質ではなく，遺伝情報が物質化されたタンパク質である．タンパク質のいのちはその生物的働きにあり，その働きは「構造」により支えられている．

　この本でひんぱんに使われるこの「構造」という言葉は，やはり物理化しにくい概念である．幾何学的な「かたち」よりさらに抽象度が高く，たとえば機械や装置の機能とわかちがたく結びついている．工学や技術において，構造の意味は明確であり，たとえば車の構造というとき，それは機能や機構を代弁するし，建築などは構造そのものが美と巧を含意している．そして生物学，とくに分子生物学では「構造と機能」が過去半世紀の学問的パラダイムであった．

　このパラダイムはタンパク質が複雑な構造をもち（特異構造），さらにそれが複雑に組み合わさって細胞構造，個体構造をも実現しているとはずだ主張する．構造と機能がストレートに結びつくこのパラダイムの存在自体が，1章で述べた工学的生命観の具体的表現といってもよい．機械の構造は機能を代弁するが，機械の働きを定量的に調べるには，量を扱う学問としての工学が必要であり，そのベースは熱力学である．本書では生命を工学的にとらえるがゆえに，同じように熱力学を基礎とするのである．

1.2　自由エネルギー最小則

　ところで図4.1に示すように，遺伝情報の翻訳はアミノ酸の並び（一次元情報）として実現される．では機能を生むタンパク質の複雑な構造（三次元情報）はどのように定まる（選択される）のか．この問題に答えたのがイエール大学のアンフィンゼン（Christian Anfinsen, 図4.2参照）で，1960年代から1970年代にかけてのことであった．

　アンフィンゼンはタンパク質の構造決定は物質世界を支配する熱力学法則と同じものであることを，タンパク質の変性実験から明らかにした．変性の可逆性，すなわちタンパク質の構造は壊れても自律的にもとのかたちに戻る能力をもっていること，しかもその能力は熱力学第一，第二法則の

図 4.2 アンフィンゼン (1916-1995)

酵素リボヌクレアーゼの全合成研究により,1972年にノーベル化学賞を受けた.

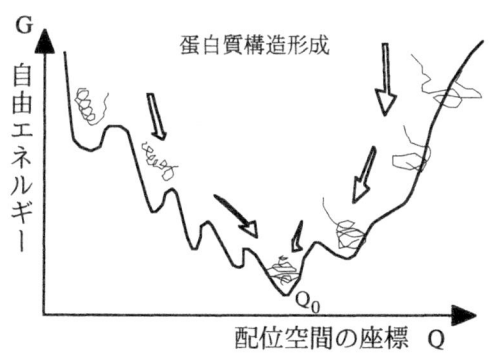

図 4.3 自由エネルギー最小で決まるタンパク質立体構造

結合表現である「自由エネルギー最小則」に基づいていることを証明したのである.

　身近な例をとれば,ゆで卵は条件次第ではもとの生卵に戻せるということである.タンパク質は立体構造が壊れると,不定形の糸状高分子(糸まり)になる.これがからみあってゲル状になったのがあのゆで卵である.それを室温に戻し,からみあいを取ると,構成タンパク質はそのかたちを自動的に復元する.これを模式的に図 4.3 に示した.タンパク質の構造に

対応してある量,自由エネルギーが定まり,その値が最小となるように,熱運動でもとの構造「最小エネルギー構造」へ戻っていく.これが熱力学的選択の中味である.

物質一般に通底する自然法則によってタンパク質の構造が保証され,したがって,機能が維持されるこの生物の知恵を「アンフィゼン・ドグマ」と名づけた.表1.3に示した工学原理のみごとな実践といってもよい.ここには自然法則の選択原理「自由エネルギー最小則」と,遺伝子によるアミノ酸配列の情報選択との一体化が見られる.

1.3 情報と選択原理

タンパク質が出てきたところで,これまで抽象的に述べてきた情報の意味について,定量的に再考したい.情報というのは物理の選択原理,変分原理とは異なる,ある選択原理を代表している.日常生活で「情報が大事だ」というとき,それはすでにある状況のなかで特定の何かが選ばれ,それが重要な役割をもつと主張しているのである.生物における具体例が遺伝情報である.次に遺伝情報が選択原理だということを端的に示そう.

遺伝情報によりタンパク質のアミノ酸の配列が一意的に定まる.これはいろいろアミノ酸配列という数多くの可能性のなかから具体的な一つの配列を選択することである.賭ごとでも事前に情報があれば可能な答のなかの一つを言いあてられる.遺伝情報が一つのアミノ酸配列,たとえば100個のアミノ酸のつながりを指定するということは,20^{100}の可能なアミノ酸列から一つを選びとることである.このとき情報量は$\log_2 20^{100}=432$ビットであるといわれる.

これと対照的に,ランダムなアミノ酸の配列でできた物質としてプロテノイド (protenoid) がある.遺伝という情報がないときの原始の海では,熱水の近くで自然にアミノ酸の重合体がつくられていたと予想される.こうした純粋に物理過程で得られるアミノ酸の配列は長さも並びもさまざまで,その種類はまさに20^{100}ほどの膨大な数に達するであろう.プロテノイドは今でも実験室のなかでつくられるが,それはヘドロ様のまさに廃棄物に等しい.むろん,そのなかに意味ある構造をもつタンパク質も当然含

まれている．しかしその存在は他の不定形のアミノ酸高分子のなかに埋もれてしまい，かぎりなくゼロに近い．なぜ物質としてはまったく差がないのに，プロテノイドがゴミでタンパク質（プロテイン，protein）は有用な生体物質なのか．

遺伝情報の非還元的（物理的に還元できない）性質が顔を見せているからである．多数のアミノ酸配列 20^{100} のなかから特定の1個を選択するプロセスを考えよう．すぐにわかることは，この選択は，熱力学的選択過程＝自由エネルギー最小則の働きだけでは不充分であり，何か外からの手助けが必要であるということだ．なぜなら一般的にアミノ配列の差は自由エネルギーの差を生み出さないからである．差がなければ区別ができず，したがって選びようがない．そこでアミノ酸配列の決定には，「遺伝的選択過程」の助けを借りる必要がある．この遺伝情報による選択過程が働かないかぎり，プロテノイドはついにプロテインになれない．プロテノイドはたしかにすべての可能性を含む．しかし生物にとって意味あるプロテインの存在比は無限に小さい．これが生物特有の，遺伝という選択原理の重要さを示す具体例である．

2 構造の階層と分類学

構造生物学はペルツ（Max F. Perutz），ケンドルー（John C. Kendrew）によって1950年代に行われたミオグロビン（myoglobin），ヘモグロビン（hemoglobin）のX線結晶構造解析からスタートした．この背景にはイギリスにおけるブラッグ（Bragg）父子による結晶構造解析の伝統があった．彼らは，タンパク質1個の機能，とくに酵素作用やリガンド結合に関し，特異的な立体構造が重要であり，それが機能理解の鍵であると実証した．現代生物学の「構造と機能」というパラダイムが，このときに誕生した．また，タンパク質の構造決定は生物物理の最重要課題となった．以後タンパク質の構造解析は着実に進み，構造決定されたタンパク質の数は急速に増えている．とくに1986年，溶液中のタンパク質のNMRによる構造解析法が確立して以来顕著である．両者の競合が，構造決定数の爆発的な増加をもたらしたのである．1998年の終わりで，Brookhaven

のタンパク質データバンク（Protein Data Bank＝PDB）に登録された構造決定ずみのタンパク質数は約1万を数えるにいたった．こうした構造決定の蓄積により，タンパク質構造の組み立てについてある程度の分類ができるようになった．それについて詳述しよう．

2.1 タンパク質の階層性

生物の階層構造は認識のクセが生み出したものかもしれないと何度も述べた．しかし，世界は，そのスケール特有の異なる構造でできているというアリストテレス以来の発見も事実のように見える．この階層的モノの見方はタンパク質にも適用されている．その結果が図4.4に示されている．一次構造は20種のアミノ酸の指定された並びを表し，二次構造はタンパク質の最下層の構成単位を表す．たとえばヘリックスは柱，β構造はシー

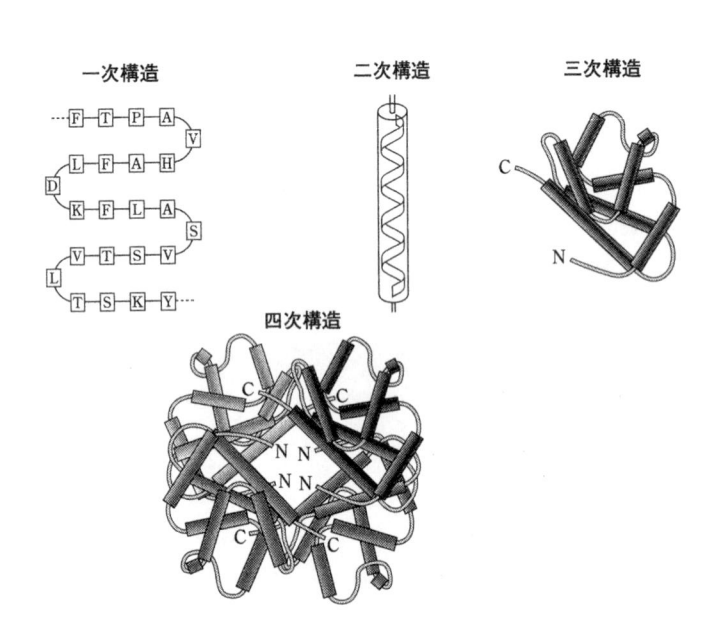

図4.4 タンパク質の階層構造

ト状の壁をつくる．次に二次構造でつくられる単位，モチーフがつづき，これらは異なるタンパク質でさまざまに用いられている．モチーフの多くはタンパク質の特異的機能と結びついており，特徴的なアミノ酸配列の並びをもっている．

　大きな構造単位，ドメイン（三次構造）はそれ自身安定で，タンパク質本体から切り離しても独立に立体構造を維持できる．三次構造は1本のアミノ酸配列（ポリペプチド）ででき，機能をもった単位である．その上の四次構造は一本鎖でなく，何本かのポリペプチドが寄り集まった大きな複合体で，このレベルになってはじめて，タンパク質の調節機能が生まれる（6章参照）．超分子は複数種類のタンパク質とタンパク質以外の物質，核酸，脂質，糖などとの巨大複合体で，オルガネラと呼ばれている．定まったかたちをもつ超分子の最大のものはたぶんウイルスであろう（3章参照）．

　ではタンパク質の上にくる細胞はどうか．それを超々分子と呼んでよいだろうか．細胞はある程度定まった構造をもつが，個々の細胞ごとのバラツキも相当大きい．したがって定まった構造という観点で考えると，細胞は分子とは呼べない．この基準ではまずウイルスが分子の最大のものと考えてよい．事実，分子生物学の端緒を開いたデルブリュック（Max Delbrück）は，ウイルスが分子に近い生物であるという認識のもとにファージを用いた研究をはじめたのである．

　ところで分子という階層を包括的に規定する共通項は何か．それは，分子の世界で進行する化学反応とその反応の整数性である．化学反応には化学量論という重要な概念がある．モノゴトが1+1=2というようにdigitalに進行することを指す（5章参照）．これをここでは化学量論性と名づけよう．

　この重要な概念，化学量論性が生物とどうかかわるかは，コラム⑦を見ていただきたい．またタンパク質の一般的性質については，『生命と時間——生物化学入門』（川口昭彦著）を参照していただき，ここではタンパク質構造の階層性に焦点をあてる．

2.2 構成単位
一次構造

20種のL型アミノ酸がタンパク質の構成単位である．この20種は，何百と観察されている他の生体内アミノ酸と別格である．この現代の常識は，しかし，DNAの二重らせんが見つかる1950年代以前まで，知られていなかった．生体内にはD型アミノ酸をはじめ，実にさまざまなアミノ酸が見つかる．たとえばホルモンにはD型アミノ酸やオルニチン，ホモセリンなどのアミノ酸を含んだものがある．こうしたアミノ酸がタンパク質合成と無関係であることは，遺伝暗号の普遍性が確立された後にようやく理解されるようになった．20種のアミノ酸しかタンパク質の構成単位として用いないことが，タンパク質の化学量論性の基盤の一つである．もちろんタンパク質のアミノ酸配列は遺伝子の情報のみから決められる．

ここでアミノ酸の本性を共通の骨格部分（主鎖）と個別性を表す側鎖にわけて考えよう．

$$NH_3-\underset{H}{\overset{R_i}{C_\alpha}}-COOH \qquad i=1,2,\cdots,20$$

アミノ酸の性質は側鎖R_iが担っている．その性質はR_iに水素をつけたR_iHという化学構造をもつ分子を見ればわかる．そのことをアミノ酸名とR_iHの化学名の対応表4.1で見てみよう．アミノ酸の特性はこのよ

表4.1 アミノ酸側鎖部の通常の化学的名称

アミノ酸	側鎖+H (R_iH)	アミノ酸	側鎖+H (R_iH)
グリシン	水素	アスパラギン酸	酢酸
アラニン	メタン	アスパラギン	酢酸アミド
バリン	n-プロパン	グルタミン酸	エチルカルボン酸
プロリン	n-プロパン（+H）	グルタミン	エチルカルボン酸アミド
ロイシン	i-ブタン	リジン	ブチルアミン
イソロイシン	n-ブタン	アルギニン	プロピルグアニジン
セリン	メタノール	ヒスチジン	メチルイミダゾール
スレオニン	エタノール	フェニルアラニン	トルエン
システイン	メチルメルカプタン	チロシン	メチルフェノール
メチオニン	メチルメルカプトエタン	トリプトファン	メチルインドール

2 構造の階層と分類学——75

うに R_iH の化合物名を示すと一目瞭然なことがわかる．グリシン，セリンなどの命名にだまされてはならない．それらは特性でなく歴史的命名を表している．これらのアミノ酸のうちアルキル化合物の側鎖をもつものは，一般に疎水性アミノ酸と呼ばれている．また酸やアミンなどの側鎖をもつものは親水性アミノ酸と呼ばれる（コラム⑧参照）．

ペプチド結合と二面角座標

二つ以上のアミノ酸がアミノ基とカルボン酸で結合するとペプチド結合ができる．

$$-CO-[NH-C_\alpha(R_i)(H)-CO]-NH-$$

このとき CONH は

$$\mathrm{H\diagdown N-C=O}$$

のかたちのトランス型平面構造をとる．まれにプロリンがタンパク質内で

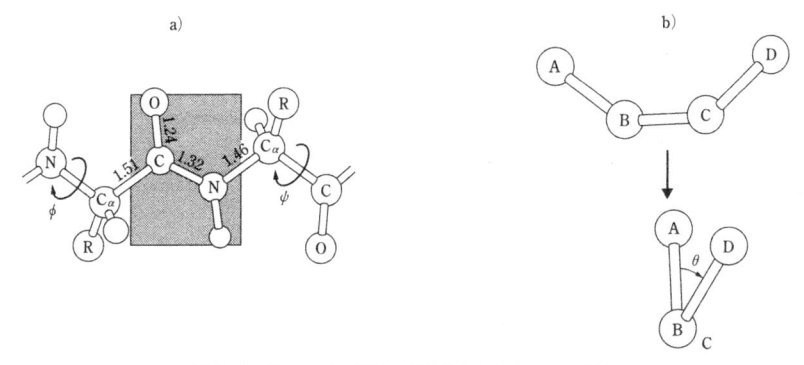

$$\mathrm{H\diagup N-C\!=\!\!\!=O}$$

図4.5 ポリペプチド鎖の構造と内部座標（二面角）

(a) $\phi_i = \psi_i = \omega_i = 180°$ の場合（数字の単位は Å）　(b) 二面角 θ の定義 N 末端側にある原子 A を手前に置き，中心の結合 B-C を紙面に垂直に立てる．結合 A-B を参照に，結合 D-C のつくる角 θ を二面角 θ (A, B, C, D) と定義する．

のシス型をとることがある．ペプチドの化学構造は棒と球モデルで図4.5のように表される．N末端からC末端に向かってアミノ酸に番号がふられ，またi番目のアミノ酸の構成原子は図のように記号づけられる．高分子鎖のポリペプチドは内部座標(ϕ_i, ψ_i) (ω_iは180°付近に固定) を用いてその骨格構造をよく表現できる．

二次構造

3種の構造単位，ヘリックス，シート，ターンを構成するのが，二次構造である．ヘリックスにはピッチの小さい方から3_{10}ヘリックス，αヘリックス，πヘリックスがある．タンパク質のヘリックスはほとんどがαヘリックスで，わずかにαヘリックスの切れめに3_{10}ヘリックスが見られる．ヘリックスは水素結合に注目して図4.6のように表示される．

アミノ酸は単独で水中にあっても，αヘリックス型の構造が比較的安定である（図4.16参照）．その上さらにアミノ酸間にできる水素結合により安定化されている．具体的な形は図4.7を見ていただきたい．これは右まきヘリックスの例で，L型アミノ酸のポリペプチドはグリシン以外このかたちがもっとも安定である．

次にシートを構成するβ構造について見てみよう．βシートの基本型は，図4.8に示すように2種類ある．一つは向きの異なる二つのβ構造が逆平行に向き合う逆平行βシート．もう一つは向きのそろった二つのβ構造が平行に向き合う平行βシートである．両者ともにタンパク質中にひんぱんに見られ，壁やしきりの役割を担っている．βシートとαヘ

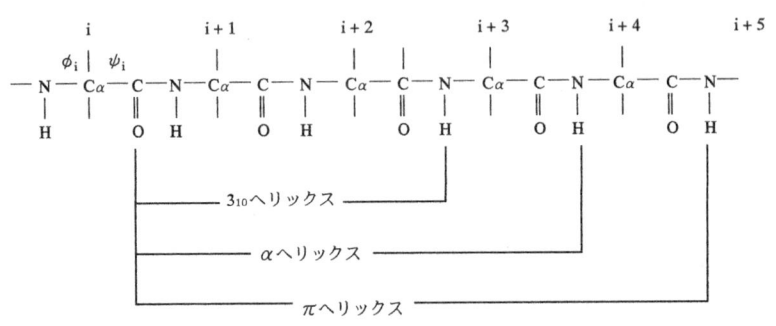

図4.6 ヘリックスの水素結合様式

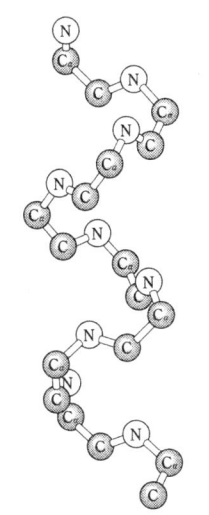

図 4.7 αヘリックスの模型

主鎖の原子のみが示されている．

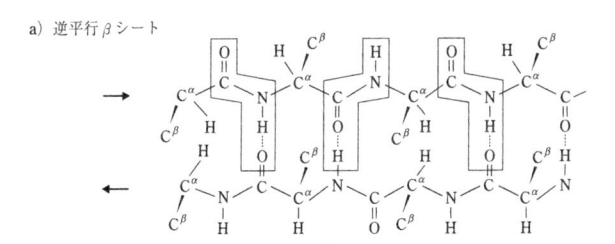

図 4.8 β 構造がつくるシート

(a) 逆平行βシート．(b) 平行βシート．両者の差は太線で囲んだ水素結合の向きの違いに現れる．

a) βターンⅠ型　　　　　　　　　b) βターンⅡ型

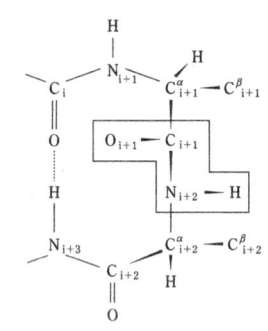

図4.9 βターンの構造

リックスの大きな違いは，βシートではまわりまわって一次構造上で遠くのアミノ酸と水素結合するのに対し，αヘリックスはいつも四つ先のアミノ酸と水素結合するということである．この性質のため，βシートは異なるドメインの間をいわばファスナーのようにとめる．

以上の二つの重要な二次構造は，タンパク質構造が明らかにされた1950年以前から理論的に予測されていた．その際，水素結合という方向性のある相互作用が発見の導き手であった．しかし実際は，水中においてアミノ酸間の水素結合は，水とアミノ酸間の水素結合と競合しており，その差だけが安定化に効いている．その大きさは想像するよりはるかに小さく，エネルギーにして5-10 kJ/molと見積もられる．

水素結合が重要な役割をもつ第三の二次構造はターンである．なかでもβターンがとくによく現れる．βターンにはⅠ型とⅡ型があり，その差はターン中央のペプチド結合に現れる．CONHというペプチド平面がⅠとⅡではC-N結合を軸にしてお互い180°回転している．図4.9の二つの構造を比較すると，この構造の差がよくわかる．βターンは水素結合の仕方が3_{10}ヘリックス（図4.6）と同じである．事実，βターンⅠとβターンⅡの中間型は3_{10}ヘリックスとなる．ところでβターンはとくにひんぱんに逆平行βシートのつなぎめに現れ，二つのβ構造をつなぐ．βの名前の由来がここにある．またαヘリックスとβ構造の間にも現れ，その場合しばしば3_{10}ヘリックスに近い構造をとる．βターンにはこの他

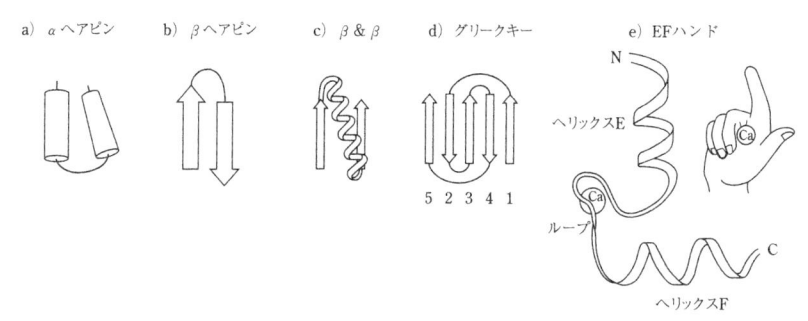

a) αヘアピン　b) βヘアピン　c) β & β　d) グリークキー　e) EFハンド

図4.10 モチーフのいろいろ

いくつかの型があり，ループの短い γ ターンも存在する．

モチーフ

いくつかの二次構造でつくられる構造にはいろいろな特徴があり，モチーフと呼ばれる．そのいくつかの例を図4.10に示した．

機能と関連して面白いものに α ヘアピンの一つ，EFハンドがある．これはパルブアルブミン中のカルシウム結合モチーフとして見つかったもので，トロポニン，カルモジェリン等々多くのカルシウム結合タンパク質で普遍的に見出される．また，β ヘアピン，グリークキーは逆平行 β シート構造をもっている．

三次構造（ドメイン）

ドメインは単独で安定なタンパク質単体であったり，四次構造の一部であったりする．典型的な構造を図4.11に示した．4バンドルヘリックスは人工設計が成功したモデルタンパク質として広く研究されている．α ヘリックスをいかに詰めるかというパッキングの例がサーモリシンで，ヘリックスは3角形で張られる16面体の隣り合わない5個の陵の上に配されている（図4.12）．タンパク質はアミノ酸がなかまでぎっしりパックした構造をとっており，安定性の起源の一つはこのパッキングのよさにある．

α ヘリックスと β 構造のパッキングはフラボドキシンなどに見られ，α/β ドメインのカゴをつくる（図4.11(c)）．このとき β シートは平行型である．β 構造のみの逆平行 β シートがいくつか集まると，β バレルというカゴ

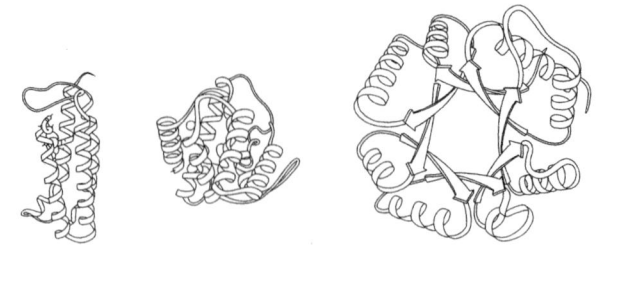

図 4.11 ドメイン構造の例

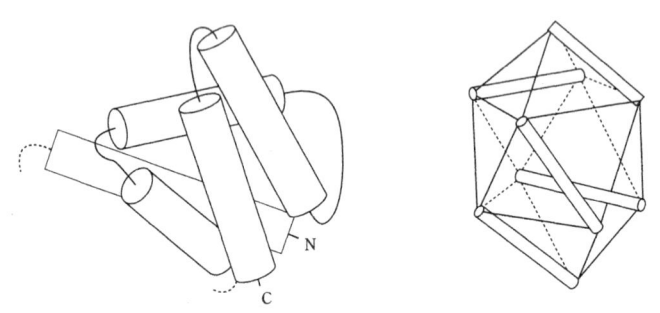

図 4.12 サーモリシンの α ヘリックスパッキング

をつくる．二つのグリークキーが対面した β バレル（図 4.11(d)）は眼の水晶体成分 γ クリスタリンのなかに見られる．β バレルもパッキングのよさの例である．

四次構造

単機能をもつ巨大なタンパク質の一つに巨大ヘモグロビンがある．これは 4 種類のグロビン鎖 192 個と，結合のコアとなるリンカータンパク質 24 個からなる分子量 400 万の巨大タンパク質である．しかしその機能は分子量 7 万の通常のヘモグロビンと変わらない．巨大ヘモグロビンは，ゴカイなどの環形動物の酸素運搬体である．もちろんこの巨大さにはわれわれの知らない機能があるのかもしれないが．

この他数多くの四次構造タンパク質が知られている．ヘモグロビンはミオグロビンに似た 4 個のサブユニットでできているが，両者は酸素の吸着能力に差がある．また，ヘモグロビンだけが種々のリガンド濃度に依存し

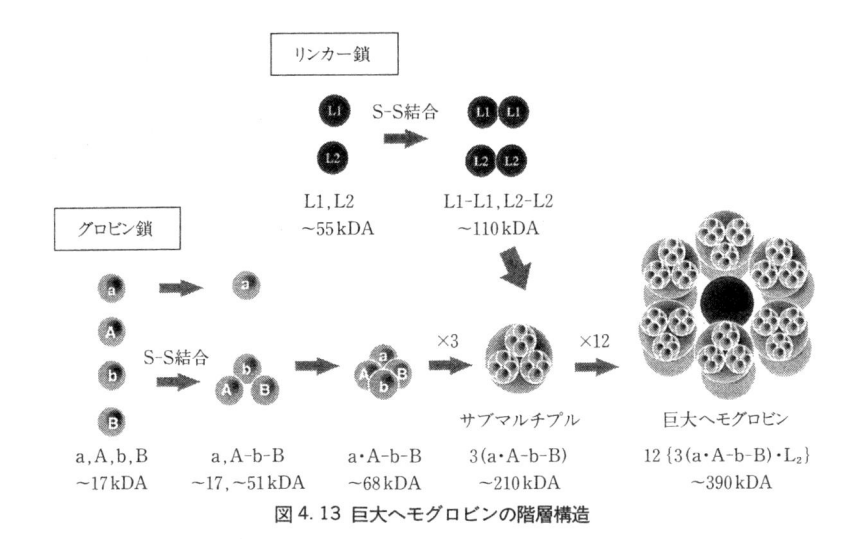

図 4.13 巨大ヘモグロビンの階層構造

た酸素吸着量の調節機能をもつ．ヘモグロビンの生理学的意味と熱力学的解析については 6 章で詳しく述べたい．

超分子（オルガネラ）

　四次構造と超分子の差はそれほど明確でない．しかし，高分子と超分子の違いは明確で，前者は後者とは異なり，分子間の結合に共有結合のみを用いている．巨大ヘモグロビンでもタンパク質以外にタンパクサブユニット間の，のりづけの役割をする糖鎖が見つかった．その量がわずかなので先の例では四次構造に分類したが，超分子といってもよい．図 4.13 で巨大ヘモグロビンがいかに階層的に構成されているかを示した．オルガネラの安定性についてはすでに 3 章で論じたので，本章では三次構造レベルのタンパク質の安定性について記述したい．

コラム⑤　1 分子の DNA 配列を読む方法

　物理計測法は生物物理の重要な柱の一つである．現在盛んな構造生物学も，物理計測の進展なしにはあり得なかった．ここで生物物理計測の究極について考えてみたい．

1章3節の工学的世界観において述べたように，生体を百万倍に拡大し，すべての分子過程を目で見てしまえば生物には何の不思議も残らないだろう．すると，計測法の究極は分子過程を生きたままその場で見る方法，ということになる．細胞生物学で活躍している多くの蛍光顕微鏡は，これを可能としているように見える．しかしその分解能は低く，分子一つ一つが見えるわけではない．生物は1個の遺伝子が決定的意味をもつのだから，その究極は1個のDNAの配列が1個1個の細胞の現場で見えればよいことになる．では，どんな方法を用いればこれが可能となるだろうか．現在，生物物理の構造解析法として以下のものが使われている．

　タンパク質，核酸，脂質：各種分光法（可視・紫外分光，円二色性分光），核磁気共鳴（NMR），電子スピン共鳴（ESR），EXAFS，X線結晶解析，電子顕微鏡．

　超分子：電子顕微鏡，走査型プローブ顕微鏡．

　細胞：光学顕微鏡（明視野，暗視野，蛍光），電子顕微鏡．

　組織，器官：光学顕微鏡（明視野，暗視野，蛍光）．

ここで特筆すべきなのは，原子の座標を決定する構造解析法として，結晶を利用するX線回折（三次元結晶），電子顕微鏡（二次元結晶）そして，溶液中の巨大分子構造を見るNMRがあることである．これらはその膨大な情報収集能力ゆえに，急速な応用展開が行われてきた．このなかで最高の分解能を誇り，分子1個をそのまま観る能力をもつのは，電子顕微鏡をおいて他にはない．では，電子顕微鏡でDNA 1個の配列解析ができるだろうか．

これは次の要件が満たされれば可能と思われる．

i) DNAの電子線による破壊を軽減する．ii) 電子顕微鏡の分解能を現行の2倍以上高め，0.1 nm以下にする．iii) 画像のコントラストを飛躍的に向上させる．

i) はDNA分子を液体ヘリウム温度に冷やせばよい．生物試料は電子線のもつ高いエネルギーで燃えてしまうので，ともかく水をかけて冷やす．水で及ばなければ極低温の液体ヘリウムで冷やす．ii) とiii) は実は，電子顕微鏡の本来の実力（電子波として 0.005 nm 以下を使用し

ている)から考えるとたやすいはずなのだが，実際にはうまくいっていない．これは電子顕微鏡独自の欠陥の問題で，60年前の発明以来解決されていない．すなわち，電子顕微鏡のレンズは凸レンズしか実現しないため，球面収差が除けないのである．これが理論限界に比べ分解能を1/100に落としている理由である．しかし，この問題を解決する新しい計測原理が最近提案された(永山國昭，1999)．したがって，21世紀のはじめには生物物理の究極計測法が完成すると期待される．

3 自由エネルギーとタンパク質物性量

　自由エネルギーは，熱力学のなかでエントロピー(コラム⑩参照)とともにもっとも理解困難な物理概念である．これに比べるとエネルギーは理解しやすい．エネルギーは力学から生まれた概念で，数学的にはニュートンの運動方程式を積分形式に変えると自然に出てくるものである．その際，運動の項から運動エネルギー，力の項から力学ポテンシャルが生まれる．エネルギー形式が便利なのは，力のつりあい(平衡)というベクトル量の問題をエネルギーというスカラー量の極小化問題に置き換えるからである．すなわち，力をエネルギー量に変換することで選択原理が見えてくる．

　多数の粒子からなる系で，温度，圧力が定まっている場合，全粒子のもつ力学的エネルギーを拡張すると，自由エネルギー(正確にはGibbsの自由エネルギー)が生まれる．両エネルギーの対応については形式的に図4.14に示した．熱力学的平衡は力のつりあいの拡張概念であることがこれでよくわかる．しかし，日常的感覚からは遠い物理的概念，自由エネルギーのイメージを思い描くことはむずかしい．

　したがって，ここでは自由エネルギーをもっと理解しやすい，力学的な(すなわち視覚，触覚的な)エネルギー描像で置き換え，それをもとにタンパク質の構造形成について述べよう．力学的ということは，自由エネルギーのなかの分子間力エネルギー(分子間相互作用)のみを考慮するということである．エントロピー項を入れたより厳密な熱力学的考察は，タンパク質の変性を扱う5章で行うこととする．

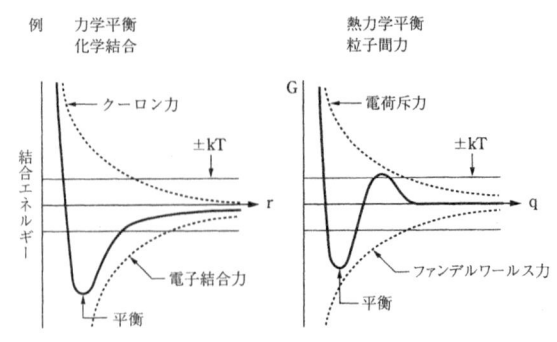

図 4.14 自由エネルギーと平衡

力学的平衡：力 (F_i) の和がゼロ≡力学ポテンシャル (V) の極小値
$$\sum F_i = 0 \iff \partial V/\partial r = 0$$
熱力学ポテンシャル≡自由エネルギー (G)
熱力学的平衡 $\iff \partial G/\partial q = 0$, $\partial G/\partial q$ は熱力学的力（一般化力）

3.1 分子内ポテンシャル

　タンパク質はアミノ酸のつらなりである．ところでアミノ酸は，必ずしもその名が体を表していない．その本性は側鎖がにぎっている．このことを示したのが表 4.1 である．さらに物質側に即して考えれば，タンパク質分子の世界をアミノ酸という単位で語るのはわれわれの認識の都合である．その強いパッキングの状態を考えると，タンパク質内ではアミノ酸の区別はあいまいになる．むしろタンパク質は炭素，窒素，酸素，水素，硫黄などの原子の集合でつくられたある構造である．元素の間は共有結合のような強い力と，これから述べる非共有結合によってのりづけされている．この後者を分子内ポテンシャルを用いて表現しよう．

　先に述べたように，力は力学ポテンシャルで表現できる．一般にこうした力学ポテンシャルを相互作用という．ここで構造を保持しているタンパク質内の非共有結合力，すなわち分子・原子間の相互作用の種類を分類しよう．表 4.2 に四つの相互作用の分類と，相互作用エネルギーの大体の大きさを表示した．ここでエネルギーが負の場合は引力，正の場合は斥力を表している．これらは，本来的に非化学量論的（非共有結合的）相互作用である（コラム⑦参照）．ただし，水素結合には力の方向と結合数に化学量論性があり，きわめて特異的かつ重要な働きをしている．実に水の不可思

表 4.2 タンパク質構造にとって重要な非化学量論的相互作用の種類

種類	例	結合エネルギー (kJ/mol)	安定距離 (nm)
vdW ポテンシャル (ファンデルワールス)	アルキル鎖	−0.12	0.1
静電相互作用	塩結合	−20	〜0.2
	2個の双極子	+1.2	
		−1.2	
		−0.6	
		+0.6	
水素結合	水酸基-カルボニル基		
	水酸基-水酸基	−16	0.28
	アミド基-水酸基		
	アミド基-イミダゾール基の窒素	−12	0.3
疎水結合	主鎖-フェニルアラニンの側鎖間やアルキル側鎖間など	−10	〜0.2

静電相互作用の計算では誘電率を 4 と仮定した.

議な性質(コラム④,⑥,⑧,⑨参照)もタンパク質のきちんとした構造も,この相互作用にその起源をもつといってよい.前節で示した二次構造における水素結合の役割を思い出してほしい.

　静電相互作用では双極子間相互作用に方向性に依存した力が生まれる.これは表 4.2 に二つの双極子の相対位置による結合エネルギーとして示されている.疎水結合はタンパク質が水という場のなかにあることから生じる特別な力である.その中味と重要性については 5 章で議論しよう.

　ここで結合エネルギーと相互作用エネルギーの中味の違いを考えよう.力も相互作用もともに 2 粒子間の距離に依存する.ファンデルワールスポテンシャル V_{vdW} の場は式(4.1)のように表記される.

$$V_{\text{vdW}} = \frac{A}{R^{12}} - \frac{B}{R^6} \tag{4.1}$$

第 1 項は分子を構成する電子雲どうしの反発力,第 2 項は量子力学的な力,

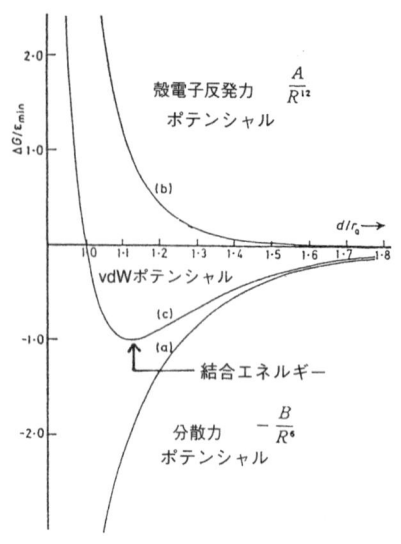

図 4.15 ファンデルワールスのポテンシャル

分散力（引力）を表す．両者は図 4.15 のような距離依存性をもつ．両者ともに距離依存性が急激なのは，12 乗，6 乗という距離に対する大きいベキ乗数のためである．面白いことに両者の和は極小値をもつ．先に述べたようにその位置が力のつりあう場所になる．すなわち引力-斥力バランスによる結合を表す．結合安定距離と結合エネルギーがこうして一意的に定まる．相互作用エネルギーは式 (4.1) または図 4.15 の全体を示し，結合エネルギーは両原子が安定位置にあるときのその値である．したがって極小値がなければ，結合エネルギーは定義できない．

タンパク質の全相互作用エネルギーを分子内ポテンシャルと呼び，それは構成原子分子間のすべての相互作用の和である．二つの原子間の相互作用には表 4.2 に示す各種の相互作用がある．それらの和をとると，

$$V(|r_i - r_j|) = V_{\text{vdW}} + V_{\text{el}} + V_{\text{hb}} + V_{\text{h}\phi} \qquad (4.2)$$

となる．ここで，V_{el} は静電相互作用，V_{hb} は水素結合，$V_{\text{h}\phi}$ は疎水結合，r_i, r_j はそれぞれ i, j 番目の原子の位置である（本来は三次元ベクトル）．また，エネルギーは粒子間の相対距離だけで定まるから次の理論が生まれる．

タンパク質構造が定まると，すべての構成原子の位置 $\{r_i\}$ が決まる
↓
すべての構成原子間の距離が決まる $\equiv \{|r_i - r_j|\}$ が定まる
↓
すべての原子・分子間の相互作用が決まる $\equiv V(|r_i - r_j|)$ が定まる
↓
すべての相互作用の和が一意的に決まる $\equiv V_{\text{total}} = \sum_{i,j} V(|r_i - r_j|)$

　こうしてタンパク質の一つの構造に一つのエネルギー量，分子内ポテンシャルが対応する．するとこのポテンシャルを調べることでそのタンパク質の構造の安定性がわかる．なぜならポテンシャルエネルギーの極小値が力のバランスのとれたつりあった構造，すなわち平衡構造だからである．これを熱力学的に表現したのが図4.3に示したアンフィンゼン・ドグマであった．ただしそのときの図の縦軸は上に述べた V_{total} ではなく，自由エネルギー G であった．

　V_{total} を求めるのは膨大な計算量を必要とするが，仕事の中味は単純で，式(4.2)で示される多数の相互作用の和をとればよい．こうした単純計算はとても計算機に向いており，タンパク質構造の計算機シミュレーションの分野が生まれた．とくに「タンパク質の立体構造予測≡一次構造から三次構造の予測問題」がタンパク質計算機シミュレーションの最終目標となっている．

　タンパク質の立体構造決定はかつて一大事業であった．一方，タンパク質のアミノ酸配列は近年のDNA配列決定法の進歩，アミノ酸配列決定法の進歩で比較的容易になった．したがってアミノ酸配列をもとにそのタンパク質の立体構造が予測できれば，生物学にとっては福音であろう．残念ながら人間の能力というより，コンピュータの力不足でこの予測問題は未だ完全に解けていない．しかし考え方の筋道が正しいということを二つの構造決定の具体例で示そう．

　まず一つはアミノ酸1個の安定構造から α ヘリックス，β 構造が予測できることである．アミノ酸1個の構造は図4.6で定義した内部座標 (ϕ, ψ) で表される．この座標を用いてアミノ酸の一種，アラニンの分子内ポテン

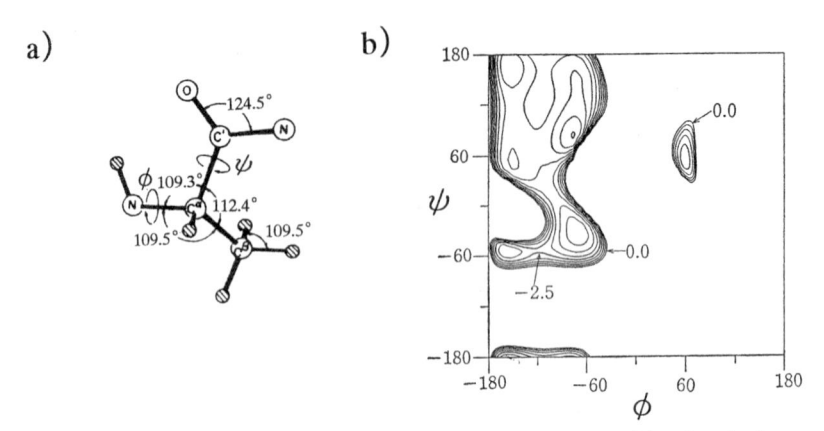

図 4.16 両端をブロックした N アセチル L アラニン N メチルアミド(a)の (ϕ, ψ) ポテンシャルマップ(b).

　図中の等高線は, 0 から $-5\,\mathrm{kcal/mol}$ を 10 等分した負の等ポテンシャル線. $(-60, -60)$ 付近の深い谷が右まきの α ヘリックスに対応する. また $(-60, 60)$ 付近は β 構造の谷である.

シャルを計算したのが図 4.16 である. (ϕ, ψ) の値に対応して一つの分子内ポテンシャルエネルギーが決まる. それを等高線表示した. これは発明者の名をとりラマチャンドラン・プロットと呼ばれている. こうして見るともっともエネルギーの低いところの構造は, なんとタンパク質の二次構造 (α ヘリックス, β 構造) のそれと同じなのである. 二次構造は構成アミノ酸の個別的安定性によっても, 水素結合というアミノ酸間の結合によっても安定化されている.

　分子内ポテンシャル計算の有効性を示す二つめの例は, 小さな環状ペプチド (cyclo-(-D-Ala-D-Ala-Gly-Gly-Gly-Gly-)) の構造予測である. この環状ペプチドは結晶中で定まったかたちをとり, X 線結晶解析で構造が決定されている. その構造は, 分子内ポテンシャルの計算で得た構造と同じであった (H. A. Scheraga, 1975). 結果を表 4.3 に示した. ここでは構造を各アミノ酸の内部座標 (ϕ, ψ) で示した. 計算値が実験値と驚くほどよく合うことが表 4.3 の数値の比較から見てとれる. この計算はアミノ

表 4.3 環状ヘキサペプチドの結晶構造と分子内ポテンシャル極小構造との比較

	D-Ala		D-Ala		Gly	
	ϕ	ψ	ϕ	ψ	ϕ	ψ
計算値	66	14	131	-35	-105	-168
実測値	64	19	125	-32	-110	-171

	Gly		Gly		Gly	
	ϕ	ψ	ϕ	ψ	ϕ	ψ
計算値	-70	-16	-106	17	101	175
実測値	-70	-15	-112	24	100	178

酸がたった6個からなる単純なペプチドの例だった．アミノ酸の数を増やすと計算量はアミノ酸数の3乗で増えるので，単純なシラミつぶしのやり方では構造数（組み合わせの爆発）すべてをカバーできない．このためにタンパク質構造予測は未完となっている．こうした困難さは計算論の世界では巡回セールスマン問題として知られているものと同等である．

3.2 分子動力学によるタンパク質物性予測

　タンパク質の構造予測に，分子内ポテンシャルが利用できること，しかし，予測自体は，現行の計算機のパワー不足でまだ実現していないことを前節で述べた．ここではその理由について物理的な考察を行おう．その上で，タンパク質の物性についてなら，現行の計算機でも予測可能であることを示したい．

　構造予測問題は，次章で詳しく述べる変性・再生問題と関係している．天然状態という構造をもった状態から，明確な構造を示さない状態（ランダムコイル）へ転移するのが変性，その逆の過程が再生である．この現象の生起時間は，タンパク質が示すさまざまな現象のなかで，もっとも遅いものに属している．図4.17は，タンパク質内に見られるさまざまな構造変化を，その大きさと特性時間でプロットしたものである．原子から分子の大きさの幅はせいぜい2桁だが，特性時間は，その大きさのなかに，10桁の異なる事象を含んでいるのがわかる．たとえばメチル基回転やヘリックス-コイル転移は，10^{-11}-10^{-8}秒，酵素反応は，10^{-6}-10^{-3}秒，そして変性のまき戻しは10^0秒．この時空プロットで示すタンパク質の構造変化は，

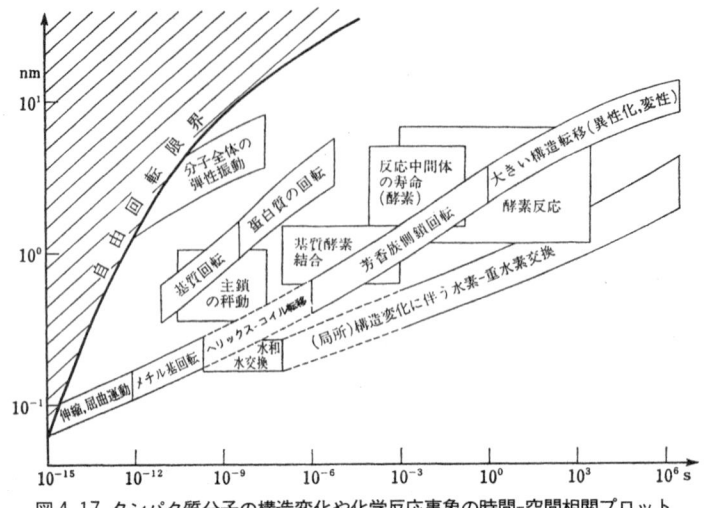

図 4.17 タンパク質分子の構造変化や化学反応事象の時間-空間相関プロット
時間軸と空間軸のケタ数の違いに注目.

原理的には計算機のなかで再現可能である．その研究方法は分子動力法と呼ばれている．そして変性・再生問題の応用の一つとして，タンパク質の構造予測も，分子動力法を用いて行われている．

前節では，本来自由エネルギーの最小化であるアンフィンゼン・ドグマを，分子内ポテンシャル最小化に置き換えて議論した．それに比べ，分子動力法による最小値探索は，厳密に自由エネルギー最小化に対応すると考えられている．次にその分子動力法の概略について説明しよう．

力学で最初に習うことの一つに3体問題がある．引力（たとえば重力）で引き合っている粒子は，3体以上になるとその運動方程式を解析的には解けない，という法則である．たしかに歴史的に見ると，3体以上の運動方程式をまじめに解くことは大変な事業だった．しかし，ここでいう「解析的に解けない」という内容が曲者である．その心は，数学的な完全解が解析関数のかたちで与えられない，という意味である．3体以上の現象は，たとえば太陽系のように，現実にいくらでも目の前にあるのだから，実際は何らかの解があるはずだ．ではどうやってそれを求めたらよいのか．計算機の出現でそれが可能となった．

ニュートンの運動方程式は微分方程式である．これは時間刻みを無限小にした差分方程式である．ここで，無限小の時間刻みを，小さいけれど有限にすれば，本当の差分方程式になる．解が解析的であろとなかろうと，差分方程式はコンピュータがあれば，解くことができる．もっと極端な言い方をすれば，世界の時間発展をコンピュータを用いて近似的に解けるといってよい．事実，この考えのもとに，何億個からなる星の重力方程式を解き，銀河の誕生から死滅までの何百億年がコンピュータのなかで再現されている．この例と同じく，タンパク質が多数の原子からできていても（多体問題という），ニュートン方程式を立て，その解をコンピュータで求めることができる．ここでいう解とは，刻々と変化する原子たちの位置の変化，すなわち運動である．だから，この方法は分子動力学法と呼ばれている．

　基礎となるニュートンの運動方程式はあっけないほど簡単で，初等力学の第一頁に書いてあるものと同じである．前節のようにタンパク質を構成する原子の位置を $\{r_i\}$ とすると，その原子の運動は，力と加速度の関係から次式（ニュートン方程式）で求まる．

$$\frac{d^2 r_i(t)}{dt^2} = \frac{1}{m_i} F_i(t) \tag{4.3}$$

ここで m_i は i 番目の原子の重さ，F_i はその原子にかかる力である．ところで力 F_i をどう求めるか．ここで図4.14を思い出していただきたい．力学ポテンシャル V，すなわちタンパク質の場合，分子内ポテンシャルを用いれば次のように求まるのである．

$$F_i(t) = -\frac{\partial}{\partial r_i} V_{i\text{total}} = -\frac{\partial}{\partial r_i} \sum_{j \neq i} V(|r_i - r_j|) \tag{4.4}$$

$V_{i\text{total}}$ は，i 番目の原子と残りのすべての原子との相互作用の総和である．$V_i(|r_i - r_j|)$ の中味については，すでに前節で議論した．式(4.4)は保存力一般に成り立つ式なので，やはり力学の初歩である．

　式(4.4)中で r_i は3次元ベクトルであり，$\frac{\partial}{\partial r_i} = \left(\frac{\partial}{\partial x_i}, \frac{\partial}{\partial y_i}, \frac{\partial}{\partial z_i} \right)$ のように簡略に書いてある．

　式(4.3), (4.4)はこのままでは不都合なので，以下のような差分方程式

に直し，1ステップごとに，Δt の時間幅だけ現象を進め，解いていく．

$$\dot{r}_i(t+\Delta t/2) = \dot{r}_i(t-\Delta t/2) + \frac{F_i(t)}{m_i}\Delta t \tag{4.5}$$

$$r_i(t+\Delta t) = r_i(t) + \dot{r}_i(t+\Delta t/2)\Delta t \tag{4.6}$$

こうして，まず式(4.5), (4.6)を用いて，Δt 時間後の原子の位置すべてを求める．次にその座標を用いて，$V(|r_i-r_j|)$ をすべてのペアについて求め，式(4.4)に戻って力を計算する．力の計算も，コンピュータのなかでは差分方程式を用いる．再び式(4.5), (4.6)に戻り，この新しい力を用いて各原子の次の Δt 秒後の位置を求める．これをくり返し，長い時間の事象を逐次シミュレートするわけである．こうして n ステップ後にはタンパク質中のすべての原子の軌跡 $(n\Delta t, \{r_i(n\Delta t)\})$ が求まる．この計算は，一つの試行として，その全履歴がコンピュータに記録される．もちろん通常の解析的方法と同じく，この計算には初期値 $\{r_i(0), \dot{r}_i(0)\}$ が必要であるが，これは適当に選ばれる．

この方法が最初に応用されたのは，分子量 6,000 の膵臓トリプシン阻害タンパク質で，当時（25年前）の最高速のコンピュータを用いて，10^{-11} 秒の時間事象をシミュレートできた．ちなみに最小時間刻み Δt は 10^{-15} 秒であった．すなわち 10^4 ステップの計算を行ってやっと，タンパク質内のメチル基が，1回転する程度の時間幅を刻むことができたのである．25 年間にコンピュータのパワーは約 10^4 倍向上した．それでも，特性時間 10^{-7} 秒の事象をシミュレートするのが精一杯である．だから，変性のまき戻し事象（10^0 秒）をシミュレートするのにコンピュータパワーはまだ必要な力の 1000 万分の 1 しかない．

ところで図 4.18 を見ると 10^{-7} 秒付近の現象として，ヘリックス-コイル転移がある．これはタンパク質内の α ヘリックス（図 4.7）部分がほどけ，ランダムコイルになる速さである．この時間事象なら現実にコンピュータを用いて転移のシミュレーションができるかもしれない．実例を図 4.18 に示そう．15 残基のアラニンペプチドの，水中におけるヘリックス-コイル転移の結果を示した．このペプチドの構造変化は，2000 個の水分子に囲まれた空間で，分子動力学法を用いて計算された．1,000 万ステップ

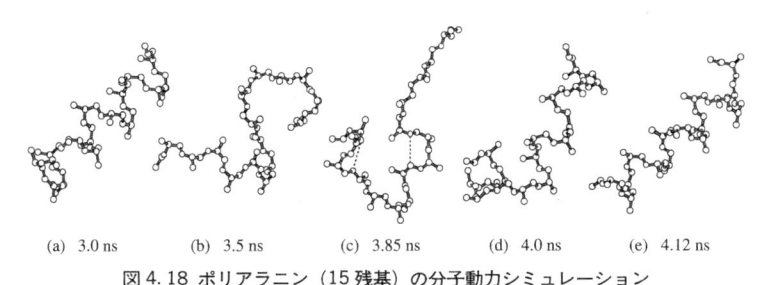

(a) 3.0 ns　　(b) 3.5 ns　　(c) 3.85 ns　　(d) 4.0 ns　　(e) 4.12 ns

図 4.18　ポリアラニン (15 残基) の分子動力シミュレーション

ヘリックス→コイル→ヘリックスの転移が a から e の間で 1 回起こっている. ns は 10^{-9} 秒 (ナノ秒) を表す.

すなわち約 10^{-8} 秒の間にペプチドは数回ヘリックスとコイルの間の変換を行うのが観測された.

　酵素反応などの生物現象にはほど遠いが，この程度の時間幅の分子動力学シミュレーションができると，タンパク質の物性量については計算が可能となる．その例を次に示そう．

　統計力学は物理量 (Q) の時間平均を集合平均で置き換えるところから出発する．

$$\langle Q \rangle_{時間} = \langle Q \rangle_{集合} \tag{4.7}$$

　一方，分子動力学法を用いると，$\langle Q \rangle_{集合}$ を基礎にする統計力学とは異なり，直接 $\langle Q \rangle_{時間}$ が求まる．なぜなら，一般に Q は分子内の原子座標と原子運動量の関数 $Q(\{r_i\}, \{\dot{r}_i\})$ であり，$\{r_i(t)\}$ の時間変化が，コンピュータ中に軌跡として記録されているからである．結局 Q の時間変化がわかっていることになる．したがってその時間平均も計算によって求まる．もちろん，統計力学的に正しい熱力学量を求めるには，計算上のいろいろな工夫が必要となるが，その詳細には立ちいらない．

　具体例として，分子動力学法によりタンパク質の物性量の一つ，定温圧縮率を求める方法を紹介しよう．そのために，統計力学の公式を用いる．その公式を基礎に，圧力，体積，温度を関数とする熱力学量が，分子動力法で求まるのである．公式は，温度 (T)，体積 (V)，圧力 (P)，エントロピー (S)，エンタルピー (H) などのゆらぎ (分子動力学で求まる

のはこれ）と，各種物性量とを結びつける．たとえば

$$\langle \Delta V^2 \rangle = kT\beta_T \langle V \rangle \tag{4.8}$$

$$\langle \Delta S^2 \rangle = kC_p \tag{4.9}$$

式(4.8)は，体積ゆらぎ（体積変化 ΔV の2乗平均）が等温圧縮率 β_T と平均体積 $\langle V \rangle$ とで求まることを意味し，式(4.9)は等圧比熱 C_p が，エントロピーのゆらぎと結びつくことを意味する．

式(4.8)を用いるとたとえば，直径 3 nm のタンパク質の場合，実験値 $\beta_T = 10^{-11}$ cm²/dyn から，体積の平均ゆらぎは

$$\Delta V_{\rm rms} = \sqrt{\Delta V^2} = \left(k \cdot 298 \cdot 10^{-11} \cdot \frac{4}{3}\pi(1.5)^3 \right)^{\frac{1}{2}}$$
$$= 0.07 \text{ nm}^3 \ (0.26 \text{ nm 半径の空洞)（全体積の約 } 0.5\%) \tag{4.10}$$

と予測される．これから，タンパク質はつねに体積が平均的に 0.5% ぐらい，ゆらいでいることがわかる．

これを逆手にとると，分子動力学法から体積の時間変化を求め，$\langle \Delta V^2 \rangle$ と $\langle V \rangle$ を計算し，式(4.8)から等温圧縮率が推測できる．卵白中のトリプシン阻害タンパク質（オボムコイド）（分子量 28,000）で計算した結果を図 4.19 に示した．

上の計算結果から求めた β_T の常温における平均は，約 10^{-11} cm²/dyn（範囲は $6.8 \sim 13.4 \times 10^{-12}$ cm²/dyn）であった．これは 25 個の球状タンパク質の平均値，9×10^{-12} cm²/dyn（範囲は $1.7 \sim 14.6 \times 10^{-12}$ cm²/dyn）にきわめて近いものであった．高温 450 K（177℃）における β_T のとびはた

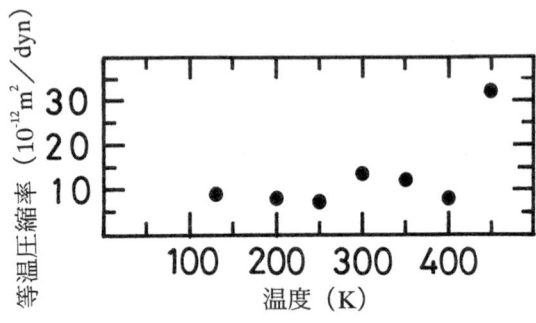

図 4.19 卵白トリプシン阻害タンパク質の等温圧縮率（β_T）温度依存性の分子動力学計算

ぶん，高温においてタンパク質が変性したためと思われる．

　タンパク質再生（まき戻り）は常温付近で起こるのでシミュレーションは困難だが，変性は高温で起きるためシミュレーションが可能となる．一般に，現象は，Q_{10}のルールで加速され，高温では短時間で現象が終了する．Q_{10}は温度が10度上がるごとに速度が2倍速くなることを意味する．450 Kでは常温より約180 K高いので現象が$2^{180/10}=2^{18}\cong 2.6\times 10^5$倍に加速されることになる．こうして，上記のコンピュータ計算においても，高温でのタンパク質変性が観測されたのであろう．

コラム⑥　壊す水——水の話 II

　中学2年のときの理科の試験問題が，私の研究魂を最初に刺激した．問題は「水が1気圧で100℃以上にならないことの理由を述べよ」というものであった．この問題の模範解答は知っていた．「水は蒸発するときに気化熱をうばうから」というものである．しかし，この答が私には納得いかなかった．熱のエネルギー流入と気化熱によるエネルギー流出のバランスだけなら，100℃という定数は出てこない．15℃でも200℃でも，バランスが傾けばいかなる値もとる．私の答は，水の蒸気圧が100℃で1気圧になり，水としてとどまれず気体になる，というものであった．理科の先生はバツをつけた．その後，私の顔を見ると逃げ出すほど先生に食い下がり，標準的な答がいかに誤っているかを問いただしたが，ついに私の答えにマルはもらえなかった．今でも私の答が正しいと思っているが，私自身最終的回答を得るには，大学での物理と研究生活の10年以上を要したように思う．

　水にまつわる話は際限がなく，それだけ人間，いや生物すべてが水の恩恵を被っている証拠である．コラム④で水の神秘は「水である」ことであり，それはまたモノをよく溶かす水の性質につながると述べた．水が生命誕生のゆりかごであるのは，そのためである．水には母のやさしさがイメージされる．しかし，このモノをよく溶かす水の性質は水が破壊の神であることをも意味する．それについてタンパク質を例に説明しよう．

タンパク質を電子顕微鏡で観察しているとよく質問される．「タンパク質は真空中で壊れないのか？」と．タンパク質の天然構造保持には水が必要であると固く信じている（タンパク質は油滴のように疎水結合で安定化される）ほとんどの研究者は，タンパク質を水からとり出し真空に入れると壊れる，と思っている．熱力学が教えるところはこの逆である（ここを理解することが5章の主題である）．真空中ではむしろ，タンパク質はフライパンに敷かれるテフロンほどに安定で，水中の方が，ギリギリのところまで不安定になっている．これは何でも溶かす水の性質から起因する．タンパク質は壊れると水との接触面積が増える．面積が増えれば水との引力相互作用が増えるので，エネルギー的に有利になる．すなわちより溶けるためには，タンパク質は壊れた状態の方が有利となるのである．しかし，この水の破壊性は必ずしも生物に不利ではない．タンパク質が水中でギリギリの安定性をもつことは，真空中では石のように固いタンパク質の構造をほぐし，タンパク質に構造のゆらぎを与え，タンパク質特有のすぐれた動的機能を生み出す．創造と破壊の表裏一体のなかに命の水の第二の神秘が見える．

5 タンパク質構造の熱力学

1 化学熱力学入門

　熱力学のむずかしさは熱力学量のとらえにくさにあり，エントロピーのわかりにくさにある．端的に第二法則がわかりにくい．熱力学の第一法則はわれわれの力学的直感に結びついており，とらえやすい．それは日常経験する力のつりあいと結びついている．一方，第二法則のわかりにくさはエンロトピーという概念に集約している．本書でくり返し強調している自由エネルギー概念は，いわば第二法則の第一法則化である．すなわち再び第一法則の起源であるつりあい（力学的平衡）を熱力学のなかへもち込み，熱力学的平衡の記述を可能としたのである．より正確には自由エネルギーは第一，第二法則を統合し，熱力学のエッセンスを一つの量として表現したものである．こうしてわれわれは，ことさらエントロピーを表面に出す必要がなくなるのである．

　エネルギーと自由エネルギーの決定的な差は自由エネルギーが保存量ではないことである．自由エネルギーは仕事として使えるエネルギーを指す．たとえば対象物にエネルギーが含まれていても，使えなければ自由エネルギーとしては小さい．とくに化学反応において自由エネルギーは，必ずその値が小さくなる方向へ向かう．これはエントロピー増大則の言いかえである．それは自由エネルギーの熱力学的定義式(5.1)から考え（エントロピーが負の符号で寄与）納得できよう．

$$G = H - TS \tag{5.1}$$

ここで G は自由エネルギー，H は系の熱出入による熱量の総計（エンタルピー），S はエントロピー，T は温度である．

　反応は G の変化 $\varDelta G$ が負のとき自然に進む．そして $\varDelta G = 0$ のとき反

応はとまり，化学平衡が達成される．巨視的には一見何の変化も起こっていないかのように見える状態，平衡状態は，微視的に見ると，化合物が生成，消滅をくり返す躍動する世界だ．ただ正負の反応がちょうどつりあっている．これが化学熱力学平衡（化学平衡）の分子像である．平衡状態自身は自由エネルギー G がそれ以上変化しない状態として規定される．

$$\varDelta G = 0 \tag{5.2}$$

上式がアンフィンゼン・ドグマの無味乾燥な物質的表現である．また選択原理の一つであることは1章で述べたとおりである．その具体的内容は式(5.12)以降に再述される．

1.1 水生成の熱力学Ⅰ ── 平衡論

次に水の生成というもっとも単純な反応に関し，式(5.2)を適用してその物理的意味を考えてみよう．すべて反応は気相として進行すると仮定する．

$$H_2 + \frac{1}{2} O_2 \longrightarrow H_2O$$

この場合，溶液系と異なり濃度の代わりに圧力（ともに分子の存在確率の表現）がパラメータとなる．各々の化合物の1モルあたりの自由エネルギーは，それらの圧力（分圧）を用いて以下のように表される．

① 分圧 p_{H_2O} の水の自由エネルギー

$$G_{H_2O}(p_{H_2O}) = G_{H_2O}(p^0) + NkT \log_e \frac{p_{H_2O}}{p^0} \tag{5.3}$$

② 分圧 p_{H_2} の水素の自由エネルギー

$$G_{H_2}(p_{H_2}) = G_{H_2}(p^0) + NkT \log_e \frac{p_{H_2}}{p^0} \tag{5.4}$$

③ 分圧 p_{O_2} の酸素の自由エネルギー

$$G_{O_2}(p_{O_2}) = G_{O_2}(p^0) + NkT \log_e \frac{p_{O_2}}{p^0} \tag{5.5}$$

ここで N はアボガドロ数，k はボルツマン定数である．以降，$Nk = R$（気体定数）で表記する．

式(5.3)−式(5.4)−$\frac{1}{2}$式(5.5)が1モルの生成の反応に伴う自由エネルギー変化を表す．

$$\Delta G = \Delta G^0(p^0) + RT \log_e \Gamma \tag{5.6}$$

$$\Delta G^0(p^0) = \Delta G_{H_2O}(p^0) - G_{H_2}(p^0) - \frac{1}{2}G_{O_2}(p^0) \tag{5.7}$$

$\Delta G^0(p^0)$ は標準生成自由エネルギー変化，または標準反応エネルギーと呼ばれ，標準状態（25℃，1気圧）で生成物1モルをつくるときの自由エネルギー変化である．原料と生成物の割合は次式の質量作用比で表される．

$$\text{質量作用比}\ \Gamma = \frac{p_{H_2O}/p_0}{(p_{H_2}/p_0)(p_{O_2}/p_0)^{1/2}} \tag{5.8}$$

p_0 は通常1気圧にとるので，分圧 p_{H_2O}, p_{H_2} などを気圧単位で測れば，式(5.8)から p_0 の項は抜け落ちる．式(5.2)の平衡条件 $\Delta G = 0$ と式(5.6)から平衡状態の質量作用比 $\Gamma_{平衡}$ と標準自由エネルギー変化 ΔG^0 とが結ばれる．

$$RT \log_e \Gamma_{平衡} = -\Delta G^0 \tag{5.9}$$

$$\Gamma_{平衡} = K = \exp\left(-\frac{\Delta G^0}{RT}\right) \tag{5.10}$$

$\Gamma_{平衡}$ は平衡定数と呼ばれ，ふつう K と表記する．式(5.8)において Γ を K に置き換えた式が教科書に載っている化学平衡時の分圧，または濃度決定式である．大事なことは平衡時の物質の量の存在比（分圧比または濃度比）は標準自由エネルギー変化が与えられれば一意的に定まるということである．逆に平衡時の存在比がわかれば標準自由エネルギー変化がわかり，化合物の分子レベルの構造変化，状態変化が推測できる．標準自由エネルギーは分子レベルの相互作用そのものを表すからである（後述）．すなわち平衡時の式(5.8)〜(5.10)は単に個々の物質の存在比がわかるだけで，分子レベルの反応の描像が描けることを主張しているのである．これは実に深遠な科学法則の一つと言えよう．そして今や，先端の計測機器（コラム⑤参照）は，こうした従来の描像が正しいことを次々に証明している．

次に水について，二つの単純な場合につき分圧と反応エネルギー ΔG

<table>
<tr><td>ケース I</td><td>ケース II</td></tr>
<tr><td>

水　素	1気圧
酸　素	1気圧
水蒸気	1気圧

</td><td>

水　素	10^{-20} 気圧
酸　素	10^{-40} 気圧
水蒸気	1気圧

</td></tr>
</table>

$\Delta G = \Delta G^0 = -229 \text{ kJ/mol}$　　$\Delta G = 0$ (平衡)，　$\Gamma_{平衡} \equiv K$

$\Gamma = 1/(1 \cdot 1^{1/2}) = 1$

$$K = \exp\left(-\frac{\Delta G^0}{RT}\right)$$

$$= \exp\left(+\frac{229}{2.4}\right) = e^{+95}$$

$$\cong 10^{40} \equiv 1/(10^{-20} \cdot (10^{-40})^{1/2})$$

図5.1　二つの分圧条件における水生成の反応エネルギー

の関係を見てみよう．図5.1のケース I はすべての化合物が同量あるときで，その場合 $\Delta G = \Delta G^0$ となり，この系は当然平衡状態にはない．ΔG（水生成）の値は大きな負の値なので，この場合，水の生成の方向に反応が進行する．ケース II は水蒸気（水）が圧倒的に多い場合で，すなわち水1リットルに対し水素分子，酸素分子が数個程度のとき，両者の間に平衡が成立する．ただし，平衡条件は水の生成速度を問題としないので，速さはわからない．しかしこの宇宙に水素と酸素があれば，常温以下でそれはほとんど100%水のかたちになっていると考えてよい．宇宙には水素と酸素の元素があふれているので，水がたくさんあってもおかしくない．たとえば彗星は氷のかたまりである．

1.2 水生成の熱力学 II ── 非平衡論

ところで自由エネルギー変化 ΔG と ΔG^0 の違いは何だろうか．またケース I の $\Delta G = -229 \text{ kJ/mol}$ は具体的に何を意味するのだろうか．ΔG^0 の背後にある標準エネルギー G^0 は，分子1個，あるいは1モルを生成するのに必要な自由エネルギーで，分子レベルの相互作用エネルギーのいわば総和のようなものである．したがってその差 ΔG^0 は，化学反応における分子構造変化に付随する相互作用エネルギーの変化という意味をもつ．平衡条件 $\Delta G = 0$ は式(5.10)を導き，標準自由エネルギー変化 ΔG^0 が平衡状態において，反応前後の分子の存在比を決めることを主張している．このように，分子構造の違う何種かの分子が同一溶液に混合していても，そ

れらの存在比（確率）（濃度と同義）が，自動的に決まる条件が存在すること．しかも，その条件下では，存在確率が分子世界の相互作用と直接結びついているのである．

では ΔG そのものは何を意味するか．まずもとの自由エネルギー G は，ある熱力学的条件下で，系全体がもつ自由エネルギー量であることに注意しよう．したがって，標準自由エネルギーとの決定的違いは，系の成分の存在比（濃度）に依存することである．たとえば，ある温度，ある圧力，ある濃度（各成分）の自由エネルギーが求められる．そしてこの自由エネルギーの変化分（変分）が ΔG である．そして ΔG が 0 となったとき，系はそれ以上変化しない平衡状態にあることを主張する．自由エネルギー最小則が，変分原理の一種であるというのは，このような内容を指すのである．

図 5.1 のケース II の $\Delta G=0$ とは，その状態ですべての条件を変えずに（濃度比など）反応が進行しても全系の自由エネルギーは変化しないことを意味する．またケース I の水生成の場合，水生成の方向で $\Delta G=-229$ kJ/mol とは，その条件で 1 モルの水をつくると 229 kJ の自由エネルギーを放出することを意味する．逆にその条件で水素 1 モルと酸素 0.5 モルをつくるには外から 229 kJ の自由エネルギーの注入が必要となる．

ところで式 (5.6) と式 (5.9) をつなぐと以下の式がでる．

$$\Delta G = RT \log_e \Gamma/K = -RT \log_e K/\Gamma \tag{5.11}$$

この式は一般に，非平衡の程度を見積もるのに利用できる．すなわち系の変化の方向，または系のエネルギー変換の大きさを調べるときに重要となる．生化学の教科書で，ATP が高エネルギー化合物であるというとき，その中味はこの ΔG のことを指す．けっして ATP → ADP＋Pi（リン酸）という ATP 分解の標準自由エネルギー ΔG^0 を指すのではない．この場合 ΔG^0 は濃度条件を問わず -28.5 kJ である．そしてそれは解離平衡定数 $K=10^5$ M と等価である．一方，ΔG は ATP と ADP の存在比により正にも負にもなる．ATP と ADP の比が変わったときの ΔG の値を表 5.1 に与えた．以下その内実を解きほぐそう．

生体中では [Pi] は 1 mM であり，[ATP]/[ADP] は 10^2 程度に保たれ

表 5.1 ATP が ADP と Pi に加水分解されるときの自由エネルギーの変化

観察される質量作用比 ($\varGamma$)	非平衡度 ($\varGamma/K$)	$\varDelta G$ (kJ mol^{-1})	[ATP]/[ADP] ([Pi]=1 mM のとき)
10^{10}	10^{5}	28.5	10^{-13}
10^{7}	10^{2}	11.4	10^{-10}
10^{5}	1	0	10^{-8}
10^{3}	10^{-2}	-11.4	10^{-6}
10	10^{-4}	-22.8	10^{-4}
1	10^{-5}	-28.5	10^{-3}
0.1	10^{-6}	-34.2	10^{-2}
10^{-3}	10^{-8}	-45.6	10^{0}
10^{-5}	10^{-10}	-57	10^{2}

$$K=\frac{[\mathrm{ADP}][\mathrm{Pi}]}{[\mathrm{ATP}]}=10^{5}\,\mathrm{M}$$

ている.そのとき ATP の分解は $\varDelta G=-57\,\mathrm{kJ}$ ぐらいの自由エネルギー変化を与え得る.すなわち,ATP と ADP の濃度比を 10^{2} を保つ何らかの機構があるとき,ATP が ADP に分解するときに 57 kJ/mol の自由エネルギーを放出し,仕事をすることができる(このような状態に保つ生体の能力が,ATP に仕事をさせる能力を付与しているのであり,ATP という化合物が何か高いエネルギー状態にあって ADP に分解するとき,つねにエネルギーを放出するというわけではない).多くの初学者が標準自由エネルギー $\varDelta G^{0}\cong -28.5\,\mathrm{kJ}$ のことを,無条件に ATP の「高エネルギー性」と誤解しており,熱力学を正しく用いないための混乱は著しく,生理作用の定量的理解をきわめてむずかしいものにしている.$\varDelta G$ の大きさからいえば,もし [ATP]/[ADP]=10^{-13} という極端な比が生体中で実現していれば,ATP は仕事をするどころか分解のたびに 1 モルあたり 28.5 kJ の自由エネルギーを外から受けとらなければならないことになる.

ここで $\varDelta G$ を再度,変分原理としてとらえ直したい.それには全系の自由エネルギーの変分計算が必要となる.水の例でいえば,式(5.3)-(5.5)の自由エネルギーを用いて以下が全自由エネルギーの表式となる.

$$G_{全}=n_{\mathrm{H_2O}}G_{\mathrm{H_2O}}+n_{\mathrm{H_2}}G_{\mathrm{H_2}}+n_{\mathrm{O_2}}G_{\mathrm{O_2}} \tag{5.12}$$

上式 $n_{\mathrm{H_2O}}$, $n_{\mathrm{H_2}}$ などは水,水素の系中のモル数である.ここで今,かりに $\mathrm{H_2}$ と $\frac{1}{2}\mathrm{O_2}$ から,ごくわずかの水 δn モルができたとすると,$G_{全}$ はどう変わるか.これが自由エネルギーの変分である.化学反応式から変分は,

以下のように与えられる．

$$\delta G_{全} = (n_{H_2O} + \delta n)G_{H_2O} + (n_{H_2} - \delta n)G_{H_2} + \left(n_{O_2} - \frac{1}{2}\delta n\right)G_{O_2}$$
$$- (n_{H_2O}G_{H_2O} + n_{H_2}G_{H_2} + n_{O_2}G_{O_2})$$
$$= \delta n\left(G_{H_2O} - G_{H_2} - \frac{1}{2}G_{O_2}\right) = \delta n \Delta G \tag{5.13}$$

$$\Delta G = \delta G_{全}/\delta n \tag{5.14}$$

ここで ΔG は式(5.6)で与えたものと同じである．式(5.6)を導くとき，いきなり式(5.3), (5.4), (5.5)を用いて計算したが，その意味を上の変分計算が与えている．このように ΔG は ΔG^0 とまったく異なる起源をもつことがわかる．それは式(5.13)が示すように全系の自由エネルギーの化学変化に伴う変分（部分モル自由エネルギーという）なのである．

ここで本書に出てくる各種の自由エネルギーの記号とその意味を整理して表5.2に示した．

最後に平衡定数の約束ごとについて記す．ATP 分解

$$ATP \xrightleftharpoons{K} ADP + Pi$$

表5.2 各種自由エネルギーの名称と意味

記号	名称	意味
G	自由エネルギー	全系の自由エネルギー（非平衡，平衡を問わない）
ΔG	自由エネルギー変化（部分モル自由エネルギー）	ある条件（一般に非平衡）で化学反応を進行させるのに要する自由エネルギー
G^0	標準自由エネルギー	標準条件で特定の純物質1モルを生成するのに必要なモルあたりの自由エネルギー．分子間相互作用エネルギーの総和である．
ΔG^0	標準自由エネルギー変化	標準条件で化学反応を進行させ，1モルの生成物をつくるときの標準自由エネルギー変化
$\delta G, \Delta g$	移相エネルギー	ある相から別の相へ純物質を移動させたときの，環境変化に伴うモルあたりの自由エネルギー変化
μ, μ^0	化学ポテンシャルとその標準部分	G, G^0 とほとんど同じだが，本書では1分子あたりの量として用いている．
g, g^0	多面体頂点の機械的自由エネルギーとその標準部分	μ, μ^0 とほとんど同じだが，本書では多面体の1頂点あたりの量として用いている．
ε, η	面積と曲げの弾性の自由エネルギー	μ とほとんど同じだが，本書では単位面積あたりの量として用いている．

の場合，平衡定数は解離定数に対応し，以下の式を意味する．

$$\text{解離平衡} \quad K=[\text{ADP}][\text{Pi}]/[\text{ATP}]\equiv K_\text{d} \qquad (5.15)$$

一方 ATP 合成の場合，反応式を逆転させ，以下のように書く．

$$\text{ADP}+\text{Pi} \underset{}{\overset{K}{\rightleftarrows}} \text{ATP}$$

平衡定数は会合定数に対応し，以下の式を意味する．

$$\text{会合平衡} \quad K=[\text{ATP}]/[\text{ADP}][\text{Pi}]\equiv K_\text{a}=1/K_\text{d} \qquad (5.16)$$

K_d と K_a は逆数の関係にあり，どちらを用いても同じである．ただしどちらの平衡定数を意味するか，はっきりさせなければならない．当面の問題において，解離か会合のどちらが主題であるかを明確にしておけば混乱は生じない．ATP の分解自由エネルギーが主題の場合，当然平衡定数は解離定数 K_d を意味している．

1.3 水の熱力学量測定

熱力学は本来熱の出入りと温度，圧力，体積変化のみから，物質の状態を議論する学問である．化学熱力学では圧力が濃度（圧力，濃度ともに存在確率を表す）に変わっただけでその本質は変わらない．ここで水について三つの熱力学量，エンタルピー，エントロピー，自由エネルギーをどう求めるのか，その道すじを示そう．

まず基本データを図 5.2 に示す．これは水の比熱（定圧）の温度変化の図である．比熱自体は加えた熱量と温度変化から求まる．このデータから以下の熱力学の関係式を用いて，三つの熱力学量がすべて計算できる．

定圧プロセスの熱量の出入りはすべてエンタルピーとなるので以下の式が成り立つ．

$$C_\text{p}=\left(\frac{\partial Q}{\partial T}\right)_\text{p} \qquad \text{定圧比熱} \qquad (5.17)$$

$$dQ=dH \qquad (5.18)$$

また熱力学の定義式

$$dQ=C_\text{p}dT=TdS \qquad (5.19)$$

を使うと，以下の熱力学公式が求まる．

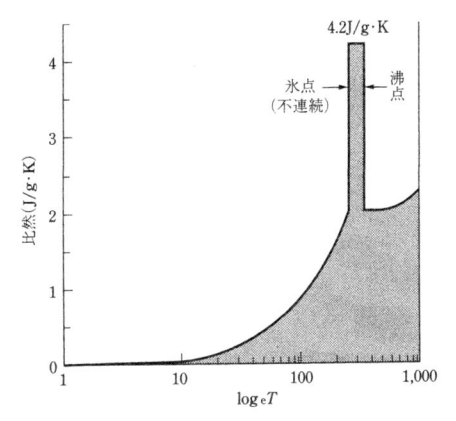

図 5.2 水の比熱の温度依存性

0°C と 100°C で大きな比熱のとびがあり、かつ潜熱のためその点で比熱は無限大となる。横軸が温度の対数であることに注意.

$$H(T) = H(T_0) + \int_{T_0}^{T} C_\mathrm{p}(T) \mathrm{d}T \tag{5.20}$$

$$S(T) = S(T_0) + \int_{T_0}^{T} \frac{C_\mathrm{p}}{T} \mathrm{d}T = S(T_0) + \int_{\ln T_0}^{\ln T} C_\mathrm{p}(\log_e T) \mathrm{d}(\log_e T) \tag{5.21}$$

$$G(T) = H(T) - TS(T) \tag{5.22}$$

図 5.2 は水の比熱を $\log_e T$ を横軸として目盛ったものなので、これを式 (5.21) に従ってそのまま積分すれば (斜線部)、エントロピーが求まる。一方、図 5.2 を通常のように横軸を T そのものにして書き直せば、その積分からエンタルピーがでる (式(5.20))。H も T も同じ比熱の温度変化から求まり、それらを式 (5.22) に従って結合すれば自由エネルギーが求まることになる。

このようにすべての熱力学量は、本来の熱の出入りと、それに伴う化学物質の温度変化という熱測定だけから求められるのである。この熱力学量が分子間相互作用や内部エネルギー (分子運動) と結びつくためには、統計力学の橋渡しを必要とした。しかし一度この橋がかかると、われわれにとって熱のようなとらえどころのない現象量ではなく、日常のイメージと

2 タンパク質変性の熱力学 I ── 現象論

ゆで卵に見られるように，タンパク質は湯のなかで変性する．また酢につけると魚肉が変色することからわかるように，酸によってもタンパク質は変性する．調理により肉や魚の味が変わるのはこのためである．さらに一般に，酵素や抗体のようなタンパク質は，変性によって機能を失う．するとタンパク質にはもとの天然状態と，熱や酸により変化し，機能を失った変性状態の二つの状態があるということになる．1章で答をすでに提示したが，現在では変性はタンパク質の構造の変化と理解されている．しかもその変化には，タンパク質の種類や変性条件によらない共通性がある．ここではまず，基本に戻り，タンパク質の変性，とくに熱変性を正統的な熱力学で論じよう．

2.1 タンパク質の変性

溶液状態のタンパク質をカロリメータで測定すると比熱の温度依存性がわかる．タンパク質の場合，一般的には図5.3のように，変性温度（T_d）近辺の比熱の異常となって現れる．低温側の直線的変化は天然状態の，高

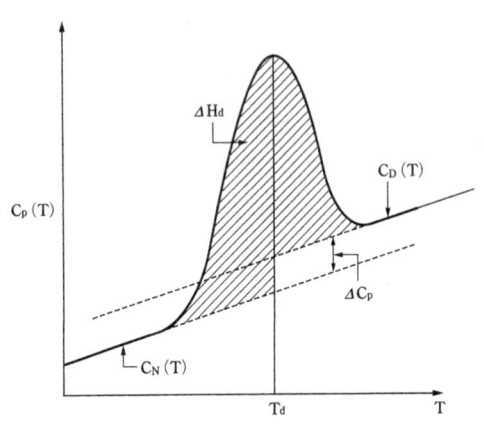

図5.3 タンパク質固有（水和は含む）の比熱の温度変化
変性点（T_d）を中心に比熱がピークをもつ．

温側の比熱の直線的変化は変性状態の比熱を表すので，比熱の異常は氷→水に見られるような相転移に伴う潜熱に関係すると考えられる．

図5.2の水の比熱変化を見てみよう．ここでは潜熱は表示されていない．水の場合，氷点と沸点という転移点で無限小の温度変化の間に有限の熱の出入り（0℃で1.23 J/g，100℃で6.05 J/g）があるため，比熱が無限大になっている．

それに比べタンパク質の場合，転移は有限の温度幅で起こるので，図5.3のように変化が有限の山となって現れる．この図5.3のデータから，タンパク質の変性現象にかかわるすべての熱力学量が求まるのである．

天然状態をN，変性状態をDと区別すれば，式(5.19)-(5.22)を適用し，かつ転移に伴う潜熱（ΔH_d）と比熱のとび（ΔC_p）を考慮してエンタルピー（H），エントロピー（S）は以下のように表される．

天然状態　　$H_N(T) = H_N(T_d) + \int_{T_d}^{T} C_N(T) dT$　　(5.23)

$$S_N(T) = S_N(T_d) + \int_{T_d}^{T} \frac{C_N(T)}{T} dT \quad (5.24)$$

変性状態　　$H_D(T) = H_N(T_d) + \Delta H_d + \int_{T_d}^{T} \Delta C_p dT$　　(5.25)

$$S_D(T) = S_N(T_d) + \frac{\Delta H_d}{T_d} + \int_{T_d}^{T} \frac{\Delta C_p}{T} dT \quad (5.26)$$

したがって変性に伴うエンタルピー，エントロピーの変化は次式で与えられる．

変性エンタルピー　　$\Delta H^{DN} = H_D(T) - H_N(T) = \Delta H_d + \Delta C_p(T - T_d)$

(5.27)

変性エントロピー　　$\Delta S^{DN} = \frac{\Delta H_d}{T_d} + \Delta C_p \log_e(T/T_d)$　　(5.28)

これらの量から変性に伴う自由エネルギー変化（変性エネルギー）が最終的に求まる．

$$\Delta G^{DN} = \Delta H^{DN} - T\Delta S^{DN}$$
$$= \Delta H_d\left(1 - \frac{T}{T_d}\right) + \Delta C_p\{(T - T_d) - T \cdot \log_e(T/T_d)\} \quad (5.29)$$

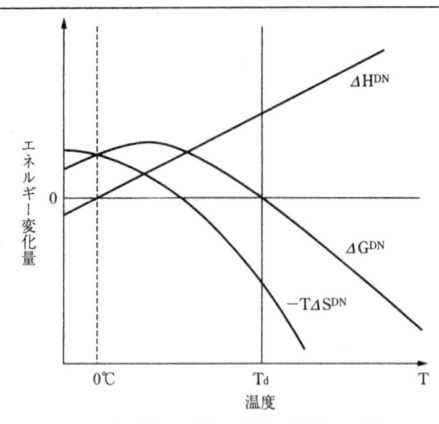

図5.4 変性に伴う各種熱力学量の変化

上式は変性の中点（$T=T_d$）でたしかに $\Delta G=0$ を与える．

　図5.3の結果を一連の式(5.26)-(5.28)を用いて解析すると（この場合熱力学定数は T_d, ΔH_d, ΔC_p），図5.4のような結果を得る．式(5.28)からわかるように ΔH^{DN} は直線的変化だが，$-T\Delta S^{DN}$（エントロピー項）は上に凸の変化をする．したがって両者の和 ΔG^{DN} の温度変化は，放物線を逆さにしたようなかたちをとる（図5.4）．これはかなり意外な結果である．なぜなら，ΔG^{DN} はゼロとなるエネルギー値を2回とることになるからである．高温の T_d で ΔG^{DN} が正から負に変わるのは，われわれが日常経験する変性現象だ．では低温側の $\Delta G^{DN}=0$ は何を意味するのか．

　それは低温側でタンパク質が再度変性することを意味する．一般にこの低温変性域は0℃以下となるため，人々は長い間その存在に気づかなかった．しかし酸性条件または低濃度変性剤下でこうした低温変性の例が見出されている．図5.5は示差熱解析による低温，高温の変性実験である．低温変性が可逆的（平衡）であることも図5.5の昇温，降温実験で示されている．この二つの変性の温度は強い酸，高濃度変性剤の存在下では，お互いに重なり合う方向へとずれ，ついに一つになる．こうした条件ではあらゆる温度で $\Delta G^{DN}<0$ となり，つねに変性状態だけが実現するようになる．タンパク質によっては通常の生理条件下でつねにこうした変性的構造をとるものもある．血液中の血清タンパク質やカゼインがそうした例である．

　ところで ΔG^{DN} の凸の温度変化はエントロピー項のなかの ΔC_p の項に

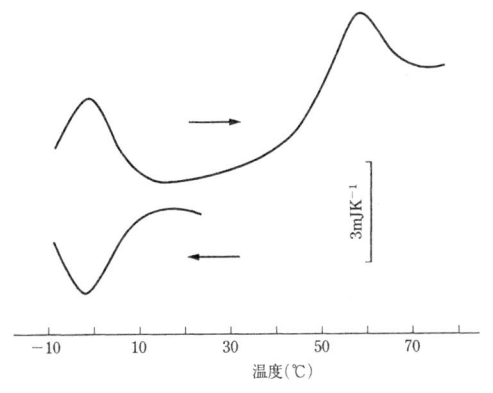

図 5.5 ミオグロビンの高温(60℃)と低温(0℃)の変性
pH 3.8 での示差熱解析.

由来することが図 5.4 と式 (5.29) の比較でわかる.ではこの ΔC_p の分子的起源は何であろうか.これについては 3 節で詳しく吟味しよう.

2.2 変性の本質と計測

タンパク質変性の正統的な実験は前節に示した熱測定だが,今ではこの方法はほとんど用いられておらず,いわゆる分光学的方法にとって代わられている.ここでは変性現象の本体を分子構造からせまり,分光法で見ている中味について考えたい.

核磁気共鳴法 (NMR) や円二色性分光 (CD) は,タンパク質の構造を敏感に反映し,特有のスペクトルを示す.NMR は,とくに三次構造を強く反映したスペクトルを,一方 CD は,ヘリックスや β 構造のような二次構造を反映する.たとえば,天然状態と変性状態で両者は図 5.6 (a), (b) のような変化を示す.NMR のピーク数は構造が壊れると少なくなり,単純になる.変性状態の NMR スペクトルは,組成アミノ酸のスペクトルの和で近似できる.CD は二次構造を見るのに便利で,変性実験に広く用いられている.天然から変性状態への変化を連続的に見ると図 5.7 (a) のような変性曲線が得られる.

この変性曲線の温度範囲は,図 5.3 に示した比熱変化の温度範囲に対応している.ではこの変性の中途段階でタンパク質の構造はどうなっている

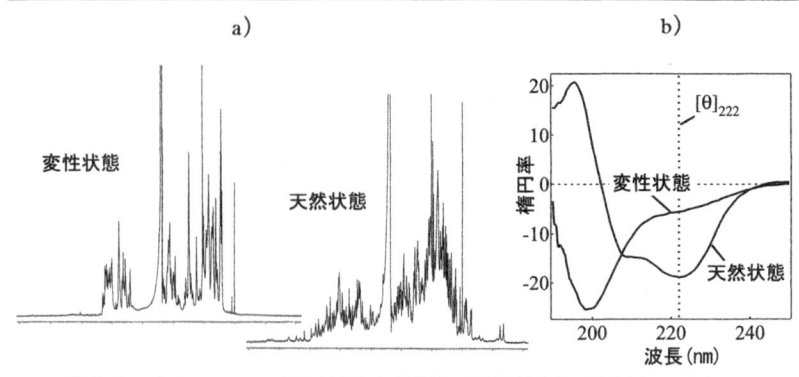

図5.6 チトクロームcの天然状態と変性状態のNMR(a)およびCD(b)スペクトル

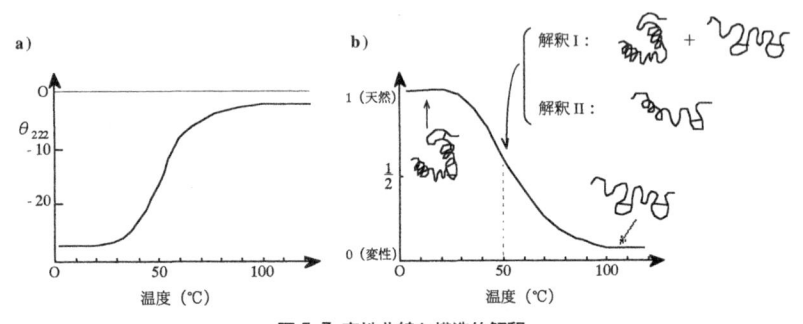

図5.7 変性曲線と構造的解釈

(a) 222 nm の CD から見た熱変性曲線．(b) 変性に伴う構造変化．とくに変性過程の構造的解釈に二つあることを示した．

のか．その内容について，二つの可能な解釈を図5.7(b)に示した．すなわち，すべてのタンパク質の分子構造がはじから徐々に壊れていくという解釈IIと，天然状態と変性状態の分子の存在比が徐々に変わっていくとする解釈Iである．日常的機械のイメージから考えると，壊れるというのは解釈IIを，すなわち，完全なかたちがだんだんと失われ，最後にかたちがなくなることを意味する．しかし，タンパク質分子の世界では解釈IIが正しい．単純化していえば，変性とは二つの状態，天然と変性の存在比が変わることである．

こうした解釈はわれわれの日常感覚から遠いように思えるが，実は身近にある．桜の三分咲き，五分咲きの意味するところがそれである．五分咲

き桜の解釈は，図5.7(b)のように2とおりある．たとえば，花の名所にある桜の花すべてを考えよう．五分咲きというのを，それらの花一つ一つが中途半端に花びらを開けていると考えるか（解釈II），一つ一つの花は完全に開いているか閉じているかだが，その割合が半々と考えるか（解釈I）．もちろん，五分咲きとは後者を意味する．花の開く速さは個々の花では意外に速く，中途半端な状態は長くつづかない．

それと同じように，タンパク質変性においても，中途半端な中間状態（遷移状態）はほとんど存在しない．これはタンパク質の構造が結晶と同じように，協同的に安定化されているためである．したがってタンパク質に関し，われわれは二つの状態のみを仮定してよさそうである．

1節で述べたように，化学変化に伴う物質の存在比，すなわち濃度比を与えるのが標準自由エネルギー変化 ΔG^0 であった．天然状態，変性状態の濃度を[N]，[D]とすれば，両者の存在比は以下で与えられる．

$$\frac{[N]}{[D]} = \left(\frac{[D]}{[N]}\right)^{-1} = \exp(\Delta G^{DN}/RT) \quad \text{あるいは} \quad RT \log_e\left(\frac{[N]}{[D]}\right) = \Delta G^{DN} \tag{5.30}$$

変性中点で $\Delta G^{DN}=0$ ということは[D]/[N]=1，すなわち二つの状態が同じ濃度（確率）で存在することを示す．なにげなく使うこうした熱力学の基本式自体も，実は図5.7(b)の解釈Iに従った結果なのである．式(5.30)は典型的な熱力学的表現だが，この式のおかげで変性実験の分光学的測定が可能となる．すなわち図5.7(a)の変性曲線は二状態転移のとき，その曲線を図5.7(b)のように正規化すれば，それは，二つ状態の存在比[N]/[D]そのものを表すからである．そして変性曲線を，たとえば $\log_e([N]/[D])$ の $(1/T)$ 依存性としてプロットすれば，その直線の傾きが ΔG^{DN} という熱力学量を与えることになる．こうして熱測定を行わず ΔG^{DN} が求まることになる．

ここで再度，タンパク質は熱や酸で壊れて変性するという，よく使う表現を吟味しよう．くり返すが，変性とは，環境条件により二つの状態の存在比が変わることを意味する．低温ではほとんどが天然状態，高温ではほとんどが変性状態にいる．さらにこの解釈は，「可逆プロセス」を含んで

いることをも意味している．一つのタンパク質は，ある確率で壊れたりもとに戻ったりをくり返す．すなわち変性現象はその途中では変性と再生をくり返しているのである．そして変性-再生の速さが前に述べた約1秒である．これが平衡熱力学の特徴である．こうしたものの見方は生物学や生化学ではなじみがうすい．多くの生理現象はモノゴトが一方的に進むように見えるからである．しかし生理現象も分子レベルで見るとこうした可逆性があるのである．その理解なしに生体系の分子レベルの理解はない．6章の生理現象の熱力学理論は，この基礎の上に成り立っている．

式(5.30)のもう一つのメッセージは[N]/[D]の比を独立に求める方法があれば，ΔG^{DN}が計算できることである．すなわち熱力学的測定なしに熱力学量が求まることである．ここに化学熱力学のすぐれた価値があるといえる．多くの分子生物学，生化学において分光法や形態学で状態の存在比（濃度）を求めるのは，式(5.30)のような式を前提として熱力学量を，そして統計力学を通じてその底にある分子像を描けるからである．構造生物学はこうしてはじめて機能と結びつくことができる．

3 タンパク質変性の熱力学 II ——分子論

3.1 要素還元という考え方

タンパク質はアミノ酸でできている．ここでまずタンパク質の熱力学的性質はどの程度，個々の構成アミノ酸の性質に還元できるかを考えてみよう．たとえばタンパク質の分子量と体積はどうだろうか．分子量はタンパク質の構造にかかわらずアミノ酸組成（N_i）がわかれば，個々のアミノ酸の分子量（M_i）から正確に求まる．

$$M = \sum_{i=1}^{20} N_i M_i \tag{5.31}$$

では体積はどうか．これはタンパク質の構造に依存するだろう．しかし重さが正確にわかっているのだから，タンパク質の平均の比容（体積/重さ）がわかればそれから求まるはずだ．タンパク質の比容は平均0.72なのでタンパク質の体積は以下となる．

$$V = 0.72M = \sum_{i=1}^{20} N_i(0.72\,M_i) \tag{5.32}$$

式(5.32)による評価は,各アミノ酸のタンパク質内での比容を一律に0.72とおくことと同等であることがわかる.アミノ酸組成を知っているのだから,各アミノ酸の比容 ϕ_i ($i=1$-20) がわかればタンパク質の体積はもっと精度高く求まるはずである.立体構造を保持するタンパク質は,構成アミノ酸がすき間なく詰まっている.このパッキングの程度を考えアミノ酸自身の比容(これは実験的に求まる)を知れば,タンパク質中のアミノ酸レベルの比容 ϕ_i が計算でき,それから高精度の体積が次式から求まる.

$$V = \sum_{i=1}^{20} N_i \phi_i M_i \tag{5.33}$$

ϕ_i の具体的な値は示さないが,式(5.33)から求めたいくつかのタンパク質の体積を表5.3に示した.

実験値と計算値を比較すると,アミノ酸組成と各アミノ酸比容を考慮した計算(式(5.33))の方が精度の点ですぐれているのがわかる.これは熱力学量を求めるとき,分子の構成要素がわかれば,その構成要素から全体の性質がわかることを意味する.このような計算の基礎には熱力学量一般

表5.3 タンパク質の体積

タンパク質	分子量	体積 (nm³)		
		実験値[a]	計算値[b]	計算値[c]
リボヌクレアーゼS	13,690	15.73	15.45	16.43
ニワトリ卵白リゾチーム	14,300	16.90	16.64	17.16
マッコウクジラミオグロビン	17,840	21.98	21.46	21.41
アデニル酸キナーゼ	21,630	26.58	25.66	25.96
パパイン	23,425	28.13	28.01	28.11
エラスターゼ	25,900	31.40	31.20	31.08
ズブチリシン BPN'	27,540	33.40	33.03	32.05
サーモリシン	34,560	42.06	40.76	41.47
カルボキシペプチダーゼ	34,700	41.55	41.62	41.64

a) 実験によって求めたタンパク質の比容 ϕ と分子量 M から $V=\phi M/N_A$ によって得られた値.ただし N_A はアボガドロ数.
b) アミノ酸組成とアミノ酸比容,すなわち式(5.33)を用いた.
c) タンパク質の分子量と平均比容,すなわち式(5.32)を用いた.

に成り立つ加成則がある．すなわち体積，エネルギー，エントロピーのような熱力学量は，システムの構成成分量に比例する．そしてこの考えはタンパク質のようなかたちも組成も非常にヘテロな系においても，かなりの精度で成り立つのである．物理化学における要素還元アプローチは，こうした熱力学量の加成則によって保証されているといってよい．加成則はまた，自然界のシステムの調和性の現れである．今まで見てきたタンパク質，細胞のような複雑なシステムにおいてさえ，性質によっては要素の単純和で記述できること．これを認識することは重要である．自然界の奥底が原理的にこのような重ね合わせを許すがゆえに，科学が存立するといってよい．ただし要素間の相互作用が強い場合，こうした単純和では現象を正しく説明できないこともある．かたちの問題が前面に出てくると，とくにこうした非調和性が重要になる．

分子量，体積に比べると格段に扱いのむずかしい自由エネルギーについて，ここで要素還元のアプローチを行おう．タンパク質構造の知識を用いると，相当の事前予測が可能であることを二つのアプローチを例に紹介したい．ただし，以下の議論では平衡状態を扱うので，自由エネルギーはもっぱら標準自由エネルギーを意味する．

3.2 Tanfordモデル

今から30年ほど前に提案された単純なタンフォードモデル(C. Tanford, *Adv. Protein Chem.* **23** (1968) 121) は変性の自由エネルギー変化（1モルあたりの標準自由エネルギー変化）について，驚くほど高精度に予言を行うことができた．それはおそらく，タンパク質の本性にのっとった透徹したモデル設定と，使われている熱力学量が本質をえぐったよいパラメータであったためであろう．

このモデルはタンパク質の構造を次のように単純化する．
① アミノ酸は大きく2種類（親水性と疎水性）にわかれる（コラム⑧参照）．
② 天然状態，変性状態ともに親水性アミノ酸の側鎖は水中に完全に露出している．

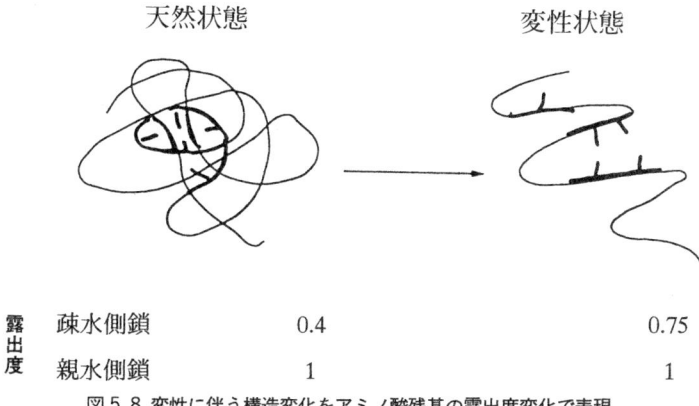

	天然状態	変性状態
露出度 疎水側鎖	0.4	0.75
親水側鎖	1	1

図5.8 変性に伴う構造変化をアミノ酸残基の露出度変化で表現

③ 疎水性アミノ酸の側鎖は天然状態と変性状態で水中への露出度が変わる．

④ 主鎖のペプチドについても二つの構造状態に依存して水中への露出度を変える．

以上を模式化すれば図5.8のようになる．

Tanfordモデルではもう一つの重要な制限を置く．それは変性の自由エネルギーそのものではなく，水溶液系（中性，低塩強度）にたとえば酸やアルコールなどの変性剤を加えたときの自由エネルギー変化を求めるということである．すなわち水溶液系Ⅰの変性自由エネルギー ΔG_I^{DN} と，変性剤溶液系Ⅱの変性自由エネルギー $\Delta G_\mathrm{II}^{DN}$ の両者の差を求める問題設定を行ったことである．この設定はまた，二つの相ⅠとⅡでの天然状態と変性状態の存在比 [N]/[D] の変化を求めることと同等である．

$$\delta \Delta G^{DN} = \Delta G_\mathrm{II}^{DN} - \Delta G_\mathrm{I}^{DN} = -RT \log_e \left(\frac{[\mathrm{D}]_\mathrm{II}}{[\mathrm{N}]_\mathrm{II}} \bigg/ \frac{[\mathrm{D}]_\mathrm{I}}{[\mathrm{N}]_\mathrm{I}} \right)$$

$$= RT \log_e \left(\frac{[\mathrm{N}]_\mathrm{II}}{[\mathrm{D}]_\mathrm{II}} \bigg/ \frac{[\mathrm{N}]_\mathrm{I}}{[\mathrm{D}]_\mathrm{I}} \right) \quad (5.34)$$

Tanfordモデルの特徴は，上式の $\delta \Delta G^{DN}$ を $\Delta G_\mathrm{II}^{DN}$ や ΔG_I^{DN} から求めずに，二つの状態の移相エネルギー $\Delta G_\mathrm{tr}^{N}, \Delta G_\mathrm{tr}^{D}$ を用いて計算するところにある．

この計算を保証するのが図5.9に示す変性の熱力学サイクルである．熱

```
水溶液系      I.  天然状態 ――――→ 変性状態
                     (N)    ΔG_I^{DN}    (D)
                 │ ΔG_{tr}^N         │ ΔG_{tr}^D
                 ↓                   ↓
変性水溶液系   II. 天然状態 ――――→ 変性状態
                          ΔG_{II}^{DN}
```

図5.9 変性現象の熱力学サイクル

力学量は状態のみに依存し,途中の道すじによらないため,このサイクルは閉じている.

$$\delta\Delta G^{DN} = \Delta G_{II}^{DN} - \Delta G_{I}^{DN} = \Delta G_{tr}^{D} - \Delta G_{tr}^{N} \tag{5.35}$$

移相エネルギーというのは分子の環境(水,イオンなど)の変化(移相という)に伴う自由エネルギーの変化分を意味する(詳しくは4.3節参照).そして環境との相互作用の大きさは露出度が代弁する.こうして,図5.8の露出度変化を参考に,IからIIへの移相に伴う変性の自由エネルギー変化は次のように求まる.

$$\delta\Delta G^{DN} = \Delta G_{tr}^{D} - \Delta G_{tr}^{N} = \sum_{i=1}^{n}(\alpha_i^{D} - \alpha_i^{N})n_i\,\Delta g_{itr} \tag{5.36}$$

i は主鎖および疎水性アミノ酸側鎖に対応し,α_i^N, α_i^D は二つの状態の露出度,n_i はアミノ酸 i の残基総数,Δg_{itr} はアミノ酸 i の移相エネルギーである.α_i^N, α_i^D については図5.8のなかに示されている.親水性アミノ酸側鎖は,露出度 α が天然状態(N)と変性状態(D)で同じなので式(5.36)から落ちる.n_i はアミノ酸組成がわかればすぐにわかる.また Δg_{itr} は各疎水性アミノ酸ごとに実験的に求めることができる(次節参照).したがって式(5.36)を用いれば変性の自由エネルギーの移相(I→II)に伴う変化がアミノ酸組成を知るだけで求まることになる.具体例を表5.4に示した.上記の8種類のアミノ酸のみを疎水性と考え,Ala, Lys, Arg, Trp などの疎水性部分の寄与は露出度変化が小さいとして無視した.

最終的に得られた $\delta\Delta G^{DN}$ の値から次のことが推測できる.水中から60%エタノール溶液中へタンパク質を移した場合,$\delta\Delta G^{DN}$ が 31.9 kJ/mol なので,むしろ天然状態が変性状態より安定化される.また6M尿素溶液中に移した場合,$\delta\Delta G^{DN}$ は -49.6 kJ/mol なので不安定化され,もし水中での変性エネルギー ΔG^{DN} が 49.6 kJ/mol より小さければ変性す

表5.4 β-ラクトグロブリンのN→Dの変性についての変性自由エネルギー変化 $\delta\Delta G^{DN}$

基	n_i	60% エタノール		6 M 尿素	
		Δg_{ltr} (kJ/mol)	$n_i\Delta g_{ltr}$ (kJ/mol)	Δg_{ltr} (kJ/mol)	$n_i\Delta g_{ltr}$ (kJ/mol)
主鎖（ペプチド）	161	2.10	338.1	−0.42	−67.6
Trp	2	−7.26	−14.5	−3.07	−6.1
Phe	4	−5.19	−20.4	−1.97	−7.9
Tyr	4	−5.12	−20.5	−2.44	−9.8
Leu, Ile	32	−4.12	−31.8	−1.06	−33.9
Val	10	−2.98	−29.8	−0.67	−6.7
Pro	8	−2.52	−20.2	−0.53	−4.2
Met	4	−2.44	−9.8	−0.37	−5.5
$\sum n_i\Delta g_{ltr}$			+91.1		−141.7
$\delta\Delta G^{DN}$			+31.9		−49.6

$(\alpha_i^D - \alpha_i^N) = 0.35$ として計算．

ることになる．

　ところで図5.8に示す変性状態では，アミノ酸高分子としてのタンパク質が完全に構造を失い，糸まりがほどけたかたち（ランダムコイル）をしている．現在では変性状態として，このランダムコイルの他にヘリックス状態（H）やモルテングロビュール状態（MG）が知られている．前者は α ヘリックスの含量が天然より増える構造を，後者は天然状態に近い二次構造を保持したままアミノ酸のパッキングが弱くなる状態に対応する．こうした変性状態も表5.5に示すように，主鎖と側鎖の露出度で特徴づけることができる．この露出度がわかればあとは表5.4と同じように変性の自由エネルギー変化，$\delta\Delta G^{DN}$ を計算できることになる．

　表5.5を用いて表5.4と同じように各変性状態に対応する変性自由エネルギー変化を求めた結果を図5.10に示した．60%エタノール，6 M 尿素の他にいくつかの変性剤の結果も同時に示した．この表は天然状態を基準に，変性剤溶液への移相に伴う ΔG の変化，移相エネルギー変化 $\delta\Delta G$ を示したもので，ΔG の大きさそのものではない．したがって最終的なタンパク質の安定性は，水中での安定性 $\Delta G_\text{水}$ を加えなければならない．一般に $\Delta G_\text{水} > 0$ であること（常温では天然状態がもっとも安定）を前提に，この図より次のことが予測できる．エタノール，グリコールのようなアルコールやポリオール溶液中ではヘリックス状態が有利．尿素，グアニジン

表5.5 タンパク質の状態と露出度

状態	平均の露出度 (α_i)	
	主鎖（ペプチド）	疎水性側鎖
天然状態（N）	0.40	0.40
ランダムコイル（D）	0.75	0.75
モルテングロビュール（MG）	0.65	0.55
ヘリックス（H）	0.40	0.75

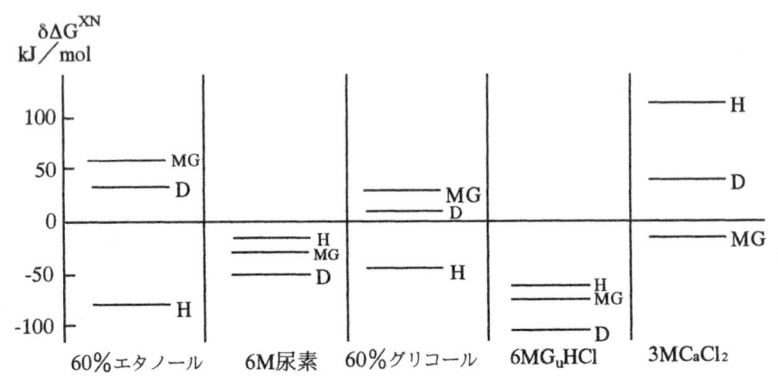

図5.10 ラクトグロブリンを各変性剤溶液中へ移相したときの変性の移相エネルギーダイヤグラム

天然状態Nを基準にしたとき，ランダムコイル（D），ヘリックス（H），モルテングロビュール（MG）状態がエネルギー的にどのように変わるかを示した．

水酸化クロリド（GuHCl）ではランダムコイルが安定，そしてカルシウムイオン中ではモルテングロビュールが天然状態よりやや安定ということになる．そしてこれらの結果は実験とよく合った．

このようにいくつかの状態をタンパク質がとり得ることを承認すると，今までの解析の大前提である，2状態モデルが成り立たなくなる心配が生まれる．たしかに6M尿素の場合DとMDが接近しており，両者が混在する可能性がある．その場合は3状態，4状態の解析が必要である．ではこうした拡張はどこまでつづくのか．いささか心配になるが，会合のないタンパク質の場合，今までに述べた4状態で充分なことが最近今野により実証された（T. Konno, *Protein Sci.* **7** (1998) 975）．

このように，単純な要素還元アプローチから驚くほど多くのことが予言

できる．しかもこの場合，アミノ酸組成以上の個別知識を用いていない．たとえば具体的なタンパク質構造を必要としない．これは Tanford モデルが図 5.8 で示すようなタンパク質の構造特性をうまく反映していることの証拠である．しかしこのモデルでは先に述べたように ΔG^{DN} そのものが計算できない．また 2 節で述べた $\Delta G, \Delta H, \Delta S$ の温度依存性を見積もることもできない．次に Tanford モデルの近年の拡張例を見ることにしよう．

3.3 Ooi & Oobatake モデル

図 5.9 を次のように変形すると新しい熱力学サイクルが得られる（図 5.11）．ここでは真空中から水溶液中への移相過程が加わっている．II から III への計算は Tanford モデルで求まるので，本質的に新しい部分は I から II への移相エネルギー計算になる．この計算を大井と大畠は次のような仮定のもとに行った (M. Ooi and T. Oobatake, *Prog. Biophys. Mol. Biol.* **59** (1988) 151)．

① すべての熱力学量を真空中における構造変化に由来する項（chain 項，ΔG_c^{DN}）と，水との相互作用に由来する項（水和項，ΔG_h^{DN}）とに分ける．
② chain 項の $\Delta H_c, \Delta S_c$ は温度によらずほぼ一定とする．
③ 水和エネルギー（水との相互作用）は，タンパク質構成要素の水との接触表面積に比例するとする（これが構成要素の単純和計算を可能とする）．

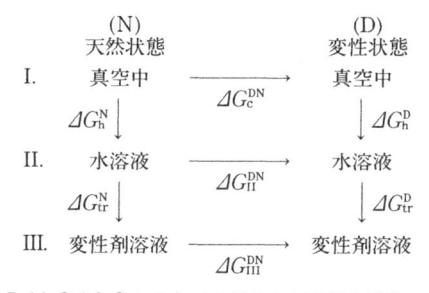

図 5.11 Ooi & Oobatake モデルにおける熱力学サイクル

すると水溶液中の変性自由エネルギーは次のかたちに書ける．

$$\Delta G^{DN}(T) = \Delta G_c^{DN}(T) + \Delta G_h^{DN}(T)$$
$$= \Delta H_c^{DN} - T\Delta S_c^{DN} + \Delta H_h^{DN} - T\Delta S_h^{DN}$$
$$= \Delta H_c^{DN} - T\Delta S_c^{DN} + \Delta G_h^{DN}(T_0) + \Delta C_{ph}(T - T_0)$$
$$\quad - T\Delta C_{ph} \log_e(T/T_0) \qquad (5.37)$$

$$\Delta G_h^{DN}(T_0) = \sum g_{hi}(A_i^D - A_i^N) \qquad (5.38)$$

$$\Delta C_{ph} = \sum C_{phi}(A_i^D - A_i^N) \qquad (5.39)$$

ここで T_0 はある基準の温度，たとえば変性中点温度など．式(5.37)の温度依存性は式(5.29)の形式を踏襲し，かつそれが水和エネルギー由来であることを示している（仮定①と②）．式(5.38), (5.39)は仮定③に対応し，A_i^D, A_i^N は各原子団の水との接触総面積である．Ooi & Oobatake は構成要素として残基ではなく，各残基を構成する原子団を考えた．原子団としては表5.6に示す六つを選んだ（原論文では七つに分類）．原子団にまで分解することで，独立パラメータの数をアミノ酸20個から大幅に減らせた．しかしこのために Tanford モデルのように残基の露出度という平均量が使えなくなった．だが Ooi & Oobatake モデルはもともとアミノ酸組成ではなく，タンパク質構造に立脚したモデルであり，露出度については各原子団の水との接触面積という，より正確で厳密な量を用いている．たとえば $A_{脂肪族}^D$ は，タンパク質中の CH_3, CH_2, CH が水と接するその総表面積である．$A_{>C=O}^N$ は $C=O$ 結合の原子団の水との接触総面積である．こうした扱いのなかに，30年前のモデルに比べ，構造生物学の成果を取り入れた新しさが見ることができる．表5.6からまた脂肪の原子団はすべて g_h が正，すなわち水と引力相互作用することがわかる．

表5.6 水和エネルギーパラメータ($T_0 = 25°C$)

原子団(i)	g_h (kJ/mol·nm²)	C_{ph} (kJ/(mol·K·nm²))
脂肪族 (-CH₃, -CH₂-, >CH-)	0.3	15.5
芳香族 (=CH-)	-0.3	12.4
水酸基 (-OH)	-7.2	0.3
アミド基，アミン基 (-NH₂, -NH-)	-5.5	-0.5
カルボキシル基，カルボニル基 (>C=O)	~-1.0	~-9.0
硫黄，チオール基 (-S-, -SH)	-0.9	0

表5.6に示すパラメータの決定は実際にはアミノ酸を用いずに,各原子団を含むいろいろな分子の溶解度と溶解度の温度依存性から求めた (3.4参照).すなわち膨大な低分子の熱力学データを利用したのである.こうして式(5.37)中の $\Delta G_h^{DN}(T_0)$ と ΔC_{ph} は表5.6と式(5.38), (5.39)から求まるのである.すなわち二つの状態 (NとD) における各原子団ごとの水との接触総面積 (A_i^N, A_i^D) を求めれば,あとは式(5.37)-(5.39)を用いて必要な熱力学量が計算できるのである.ここで A_i^N は事前に決定されているタンパク質の原子座標から,A_i^D はアミノ酸ポリマーを仮想的にまっすぐ伸ばした構造から計算される.残るのは ΔG_c^{DN} の項だが,これは ΔH_c^{DN} と ΔS_c^{DN} の二つの未知数だけをもつので,ΔG_h^{DN} の計算値と ΔG^{DN} の実験値を2点とって比較すれば実験的に定まる.すなわち,式(5.37)のすべての未知数が実験と計算の協力で求まることになる.こうして ΔG^{DN} の温度依存性が要素還元的に求まったことになる.

具体的な例を図5.12に示した.pH 3 の水溶液中の T_4 ファージリゾチームについての実験値(変性中点の温度とそこでの $\Delta H^{DN}, \Delta C_p$)がわかると幅広い温度範囲で $\Delta G^{DN}(T), \Delta H^{DN}(T), -T\Delta S^{DN}(T)$ が再現できることがわかる.たとえば高温変性は 57°C, 低温変性は -35°C 近辺で起こる ($\Delta G^{DN}=0$ となる2点).またもっとも安定な温度は 10°C 前後で,そのときの ΔG^{DN} は約 40 kJ(10 kcal)/mol である.ΔG^{DN} の温度変化はゆるやかだが,実はその背後には大きな温度変化を示す ΔH^{DN} と $T\Delta S^{DN}$ があり,両者の依存性が消去しあって小さな差になっていることも図5.12(a)からわかる.これらは5.2節の温度変性の結果と完全に符合している.

図5.12(b)には chain 項と水和 (hydration) 項への分解が示されている.この温度範囲で ΔG_c^{DN} はつねに正,ΔG_h^{DN} はつねに負である.この意味するところは,真空中の変性エネルギー ΔG_c^{DN} は大変大きく,実に 150°C になってもまだ天然状態が安定であることを意味している.すなわちタンパク質はむしろ水のないときの方が極度に安定で,ΔG_c^{DN} を外挿すると変性温度は 250°C という途方もないものになる.この結果は最近の実験で支持されており,タンパク質は無水状態で大変安定のようである.また ΔG_c^{DN} で見るかぎり低温変性は生じない.

図 5.12

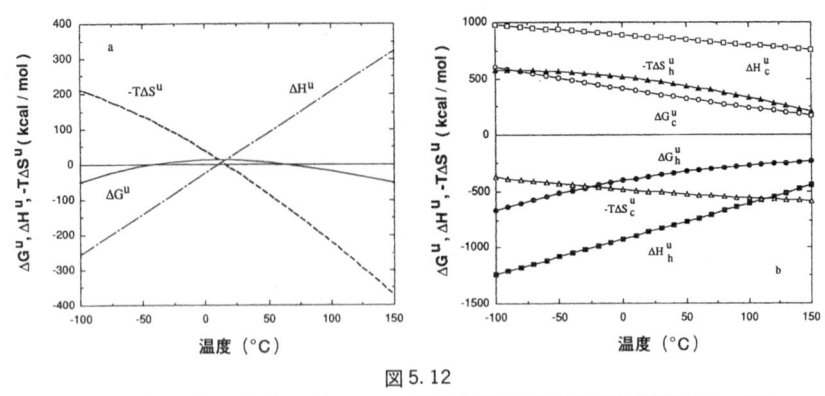

(a) 実験的に得られた T_4 リゾチームの各種熱力学量の温度依存性（変性中点：ΔH =100 kcal/mol, T_0=56.8℃). (b) ΔG, ΔH, ΔS の chain 項と水和項への分解（A_i^D, A_i^N と式 (5.37)-(5.39) による計算値）

　水和エネルギー ΔG_h^{DN} は逆にこのタンパク質の強い安定性を弱め，高温の変性温度を常温付近にもってくる．またタンパク質に特徴的な低温変性をもたらす．低温変性は ΔG_h^{DN} が上に凸となるためだが，図 5.12(b) のエネルギー分解を見ると，この効果は水和のエントロピー項，$-T\Delta S_h^{DN}$ のみに由来することがわかる．他の項はすべて直線的変化をしているので上に凸にはなり得ない．こうして 2 節で掲げた疑問にようやく答えられるようになった．

　タンパク質の特性である低温変性は，水との相互作用のエントロピー項から生ずる．では水和エネルギーのエントロピーが上に凸になるのはなぜか．これは水の構造と物性に関係している．一言でいえば水は低温になると，有機溶媒的性質をもつということである．そのため疎水性側鎖を水から遠ざけることが必ずしも有利でなくなる．移相エネルギーの言葉でいえば，高温より低温の水の方が疎水性アミノ酸の溶解性がよいということ，すなわちより強く水との相互作用をもつということである．したがってタンパク質内部の疎水基が露出しやすくなり，充分低温では変性する．このことは疎水性相互作用は高温の方でより強いというよく知られた実験事実の裏返しなのである．

　コラム⑧にも書いたが，疎水性相互作用というのは絶対概念でなく相対

概念である．それは相互作用そのものでなく，タンパク質内部から水中への相互作用変化，すなわち移相エネルギーを表している．その中味はchain項と水和項の差を意味し，水和の影響だけを意味してはいない．だから疎水性相互作用があるからタンパク質は水により安定化されるという俗説は誤りなのである．水のトータルな影響はタンパク質すべての相互作用から真空状態固有の量を引いた残りで考えなければならない．すなわち，水和エネルギーの構造変化に伴う寄与（ΔG_h^{DN}）で評価されなければならない．そしてこの項は図5.12(b)に示したように，天然状態をつねに不安定化させ，変性側に引っ張るという，常識とは逆の効果にもつのである．水和エネルギー的には天然状態は不安定だが，chain項のアミノ酸間相互作用の利得により天然状態はかろうじて常温で安定化されている．このかろうじて安定化されている部分（差の部分）を人々は水の絶対的影響と誤解して，疎水性相互作用による安定化とした．タンパク質の安定性はアミノ酸間の強い相互作用により支えられているというのが正しい熱力学解釈である．

コラム⑦　化学量論性

　米粒というのは，一見同じ大きさ，同じかたちをしているように見えるが，よく見ると一個一個すべてが違う．このように，名前が同等でも物質的な中味の違うものは多い．いやむしろ，モノはそれが完全に同一であることの方が稀である．こうした思考のはてに，ギリシヤの科学はこれ以上分割できず，したがって同一であるモノの単位として原子を想定した．この原子は仮構であったが，20世紀初頭，激しい論争と実験の結果，その存在が最終的に決定した．原子が安定であること，さらに原子が組み合わさって安定な分子をつくること，しかもその化学構造が一意的に定まること，これらはすべて原子，分子の根源的な同一性，安定性と関係している．そしてこの原子の安定性，同一性の問題は，最終的に量子力学が解決した．

メタン分子はそれぞれ絶対的に同一で，かつその組成はCH_4という化学量論性をもつ．この化学量論性は，一般に分子は原子が単なる相互作用（クーロン力）で集まっているだけでなく，組成の整数比とその一定性，すなわち，大きさとかたちが絶対的に定まることを主張する．これが先ほどの米粒や砂粒など，およそ日常見るモノの集積状態と本質的に異なる性質である．この両者，分子と米粒には，同じ要素の集まりながら，結合の性格に決定的な差があり，前者は化学結合，後者は物理結合として区別される．化学結合は量子化学が，物理結合は化学物理学，とくにコロイド，界面化学が主に扱ってきた．

化学量論性	非化学量論性
化学結合（量子力学起源）	物理結合（分子間力起源）
$C+H \rightarrow CH_4, C_2H_6, \cdots$	気体 → 液体 → 固体
同一性，定反応性をもった化学構造	低分子 → 高分子 → 高分子凝縮
	分子→コロイド→コロイド凝縮

上に示すように，原子とモノの集積状態は，まさしく化学量論的に異なる．両者ともに物質世界の基幹をなしている．そしてその結合は実に多彩だ．しかしそれでも物質世界にとどまるかぎり，その複雑さは生物のそれに遠く及ばない．では生物の複雑な構造は何に起因しているのだろうか．

答はもう明らかだと思う．タンパク質という同一性（大きさ，かたち）を保持する複雑な実在のおかげである．タンパク質が米粒と違うのは，どちらも分子の巨大な集まりながら，前者は同一性を保持している実体だということである．そして，さらに重要なのは，タンパク質の相互作用の特異性のおかげで，その集積状態が化学量論的であることである．これによりオルガネラ構造の同一性が高い精度で保証される．たとえば，真核生物のリボソームは約20種80個のタンパク質でできているが，どのリボソームもすべて同じ構造をしている．そして，リボソームのタンパク質合成機能はこの構造によって支えられている．原子→分子という化学量論の世界のもう一段上に，タンパク質→オルガネラ（超分子）という化学量論の世界があること，この特性が生物にとって重要なのだと思う．では，化学量的なタンパク質間結合はどこから生まれるの

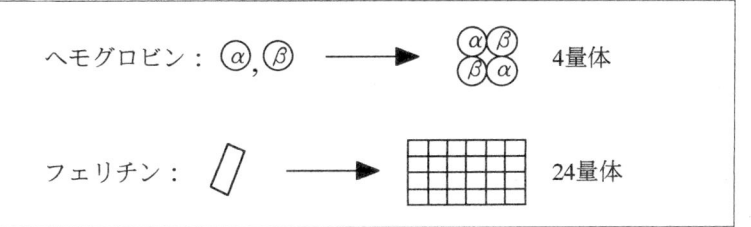

```
ヘモグロビン： Ⓐ,Ⓑ  →  ⟨αβ/βα⟩  4量体

フェリチン：  ▯  →  [▦]  24量体
```

第2の化学量論性＝タンパク質間結合（特異的オルガネラ構造の起源）

か．残念ながら量子力学のような明解な物理的答はない．いや，むしろなくても説明可能である．それを提示するのが本書の役割の一つである．

4 タンパク質の安定化戦略

　タンパク質の変性の熱力学で明らかになったことは，タンパク質の構造の安定性は ΔG^{DN} という自由エネルギー変化（変性自由エネルギー）で記述できることであった．ΔG^{DN} は ΔG_c^{DN} という純然たる構造変化に由来する項（人々はふつうこれのみを頭に思い描く）と，ΔG_h^{DN} というまわりの溶媒との相互作用に由来する項との和である．遺伝子工学でアミノ酸の置換を行うと，ΔG_c^{DN} と ΔG_h^{DN} の双方に影響を与えるが，通常 ΔG_c^{DN} に与える効果が大きい．場合によって，1個のアミノ酸置換で 20 kJ/mol 近い安定化が得られる．アミノ酸置換で得た変異体（M）の安定性変化は，変性エネルギーの移相に伴う変化（Tanford モデル）と同じように，変異に伴う変化 ΔG^{MN} として定義できる．この値を求めることはタンパク質工学の主要な仕事の一つである．しかしここでは見方を変え，相互作用項のもう一つ，ΔG_h^{DN} をいじることでタンパク質を安定化できないかどうかを考えよう．これはタンパク質ではなく，環境をいじる方法である．

4.1　変性の逆現象としての安定化

　変性剤（GuHCl や尿素）による変性は，移相エネルギー，ΔG_{tr}^{N}, ΔG_{tr}^{D} を用いて，図 5.13(a) のように表現される．変性剤溶液に対しては，表 5.2 の 6 M 尿素に見るように，$\Delta G_{tr}^{DN}<0$ なので $\Delta G_{tr}^{D}<\Delta G_{tr}^{N}<0$ となる．

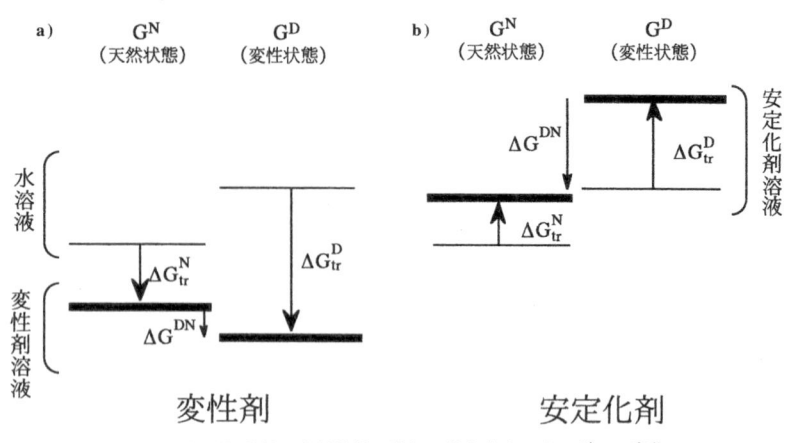

図 5.13 天然状態と変性状態の移相に伴う自由エネルギーの変化
変性と安定化は逆現象．ここでつねに $|\Delta G_{tr}^D|/|\Delta G_{tr}^N|=$ 変性状態の露出面積/天然状態の露出面積は 1 より大きいことに注意．

　この大小関係は，変性状態においてタンパク質の溶媒への露出面積がより大きく，各アミノ酸の移相エネルギー Δg_i が負（引力エネルギーに対応）になるために生ずるのである．このために，図 5.13(a)のように，水溶液中では $G^N < G^D$ の関係が，変性剤溶液中では $G^D < G^N$ の関係へと逆転する．変性状態の標準自由エネルギー G^D が低くなり，変性の存在確率が大きくなる．

　では，Δg_i が正になったらどうなるだろうか．Δg_i を正にするのが実は安定化剤である．ここで変性現象の二状態的性質を考えると，安定化剤存在下でも，露出面積はやはり，変性状態の方が大きいと考えてよい．すると $\Delta g_i > 0$ のおかげで，今度は変性剤とは逆に，$\Delta G_{tr}^D > \Delta G_{tr}^N > 0$ の関係が出現するのである．どのような環境に移相しても，つねに ΔG_{tr}^D の絶対値は露出面積に比例して ΔG_{tr}^N の絶対値より大きい．しかし安定化剤の場合は変化の方向が逆の方向（上向き）となる．すると図 5.13(b)のように，G^N と G^D の大小関係は，差 ΔG^{DN} がますます拡大するかたちに変化する．すなわち，天然状態の存在確率は大きくなり，より安定化されることになる．

　この理屈を使うと，移相エネルギー ΔG_h^{DN} を通じた安定化戦略は，アミ

表5.7 β-ラクトグロブリンの安定化剤(糖,硫安)による変性自由エネルギー変化

基	n_i	10%イノシトール		1M硫酸アンモニウム	
		Δg_{ltr} (J/mol)	$n_i \Delta g_{ltr}$ (kJ/mol)	Δg_{ltr} (J/mol)	$n_i \Delta g_{ltr}$ (kJ/mol)
主鎖(ペプチド)	161	−20	−3.2	20	3.2
Trp	2	−235	−0.5	798	1.6
Phe	4	193	0.8	1062	4.2
Tyr	4	269	2.2	139	1.1
Leu, Ile	32	336	10.8	903	28.9
Val	10	84	0.8	622	6.2
Ala	8	143	1.9	454	5.9
Met	4	218	0.9	454	1.8
$\sum n_i \Delta g_{itr}$			13.7		52.9
$\delta \Delta G^{DN}$			4.8		18.5

$(\alpha_i^D - \alpha_i^N) = 0.35$

ノ酸 Δg_i が正となるような,化合物水溶液を探せばよいということになる.Δg_i が正になることは,アミノ酸と安定化剤が水中で,斥力相互作用をしていることを意味する.これは負の結合に相当し,安定化剤はむしろタンパク質のまわりから排除される(図6.4参照).これが変性剤と異なり,安定化剤の Δg_i が正になることの分子的意味である.安定化剤として知られている二つの物質,糖の一種,イノシトール(OH基6個をもつ6員環)と硫安(硫酸アンモニウム)について,アミノ酸の移相エネルギーを与え,その安定化の寄与を見積もってみよう.結果を表5.7に示した.β-ラクトグロブリンは10%イノシトールでは4.8 kJ/mol, 1M硫安では18.5 kJ/mol,安定化されることがわかる.

この値から見ると,硫安などは相当強い安定化剤だが,従来は変性剤と異なりあまり研究されたり,実用化されたりしてこなかった.この方法には思わぬ伏兵がいて,邪魔をするからである.それはタンパク質の会合または沈殿現象である.一般に安定化剤溶液は,タンパク質の溶解度を極度に落とすという現象が生じる.このことについて次に考えてみたい.

4.2 タンパク質の会合

タンパク質が会合せずになぜ水溶液中に分散しているのか,一考を要す

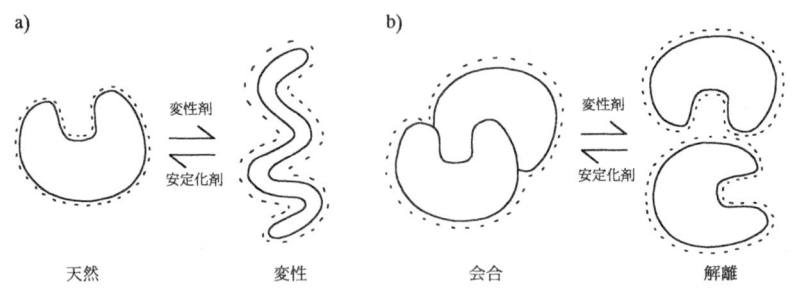

図 5.14 変性→天然 および 解離→会合 の変化は水への露出度を減らす.

る問題である．というのは，タンパク質を球状に凝集させて構造をつくる力は，また，水溶液中でタンパク質を会合させる働きをももつからである．この事情を模式的に図 5.14 に示したが，会合-解離は安定化-変性と同様に，タンパク質構造の露出度変化を伴うのである．

結局，タンパク質において水への露出度を増大させる方向にドライブするのが変性剤，減少させる方向にドライブするのが安定化剤であった．タンパク質の会合-解離問題も図 5.14(b)に見るように，会合接触面から水が排除されるので，露出度の変化を伴う．すると変性現象と同じように変性剤を入れると解離に，安定化剤を入れると会合へとドライブされる．

ところで，安定化剤による会合の度合を決めるのは，移相エネルギーの会合状態と解離状態の間の差である．この移相エネルギー変化（会合移相エネルギー）$\delta\Delta G^{解会}(=\Delta G_{tr}^{解離}-\Delta G_{tr}^{会合})$ は，タンパク質の変性移相エネルギー $\delta\Delta G^{DN}=\Delta G_{tr}^{D}-\Delta G_{tr}^{N}$ と，どのような関係にあるのだろうか．解離状態と天然状態は同じ状態に対応するので，両者には何らかのつながりがあるはずだ．

天然状態と変性状態の露出度の差は，ペプチドと疎水基で 0.35 であった．そこで主鎖ペプチドの移相エネルギー $\Delta g_ペ$ と，疎水性アミノ酸側鎖の平均的移相エネルギー $\Delta g_疎$ を用いると，式(5.36)の $\delta\Delta G^{DN}$ は，次式で近似できる．

$$\delta\Delta G^{DN}\cong 0.35(N_ペ\Delta g_ペ+N_疎\Delta g_疎) \tag{5.40}$$

$N_ペ$ は構成アミノ酸総数より 1 少ない．$N_疎$ は疎水性アミノ酸総数である．一方，移相エネルギー $\Delta G_{tr}^{解離}$ は，今まで無視していた親水性アミノ酸側

鎖の移相エネルギーを考慮して，以下となるだろう．

$$\Delta G_{tr}^{解離} \cong 0.4(N_\curlywedge \Delta g_\curlywedge + N_疎 \Delta g_疎) + N_親 \Delta g_親 \tag{5.41}$$

ここで $N_親$ は親水基をもつアミノ酸総数，$\Delta g_親$ は親水性アミノ酸側鎖の平均移相エネルギーである．係数 0.4 は天然状態のペプチドと疎水性アミノ酸側鎖の露出度である（表 5.2 参照）．天然状態が会合する場合，本来の構造は変わらず，分子の接触に伴い，露出度 1 であった親水性アミノ酸の露出度だけが変わるとする．たとえば，二量体の場合，30% 変わるとすれば，会合体の 1 分子あたりの移相エネルギー $\Delta G_{tr}^{会合}$ は以下で与えられよう．

$$\Delta G_{tr}^{会合} \cong 0.4(N_\curlywedge \Delta g_\curlywedge + N_疎 \Delta g_疎) + 0.7 N_親 \Delta g_親 \tag{5.42}$$

会合しやすさの目安はしたがって以下となる．

$$\delta \Delta G^{解会} = \Delta G_{tr}^{解離} - \Delta G_{tr}^{会合} = 0.3 N_親 \Delta g_親 \tag{5.43}$$

会合が二量体よりさらに多量体になると，$\delta \Delta G_{tr}^{解会}$ の絶対値は会合体の露出度が減るためさらに大きくなる．そして $\delta \Delta G^{解会}$ の最大値は以下となるだろう．

$$(\delta \Delta G^{解会})_{最大} = N_親 \Delta g_親 \tag{5.44}$$

移相に関し，$\Delta g_\curlywedge, \Delta g_疎, \Delta g_親$ の符号とその大きさの大小が $\delta \Delta G^{DN}$ と $\delta \Delta G^{解会}$ の関係を決める．安定化剤の場合，$\Delta g_親, \Delta g_疎$ ともに正，また $\Delta g_\curlywedge$ はほとんど 0 なので $\delta \Delta G^{DN}$ と $\delta \Delta G^{解会}$ は同符号となる．こうして強い安定化剤の添加は，会合，すなわち沈殿を生じるようになる．現実には安定化剤溶液における溶解度の変化から，$\delta \Delta G^{解会}$ が見積もられる．その結果を表 5.8 に示した．

表から見ると，2 M の硫酸マグネシウム（硫安もほぼ同じ）では，会合移相エネルギーが 13 kJ/mol を越えている．これは表 5.7 で示した硫安に

表 5.8 安定化剤溶液（$MgSO_4$）中の溶解度と会合移相エネルギー $\delta \Delta G^{解会}$

濃度	0 M $MgSO_4$	1 M $MgSO_4$	2 M $MgSO_4$
	(g/l)	(g/l)	(g/l)
β-ラクトグロブリン (pH 3.0)	～150	2.3 (10.5 kJ/mol)	0.8 (13.1 kJ/mol)
リゾチーム (pH 3.0)	～250	29.7 (5.6 kJ/mol)	1.3 (13.4 kJ/mol)

かっこ内は溶解度変化から見積もった会合の移相エネルギー．

よるタンパク質の安定性向上とほぼ同等である．すなわち安定化と会合は同時進行することになる．

4.3 移相エネルギーと溶解度

移相エネルギーというのは自由エネルギーの一種だが，耳慣れない言葉なので少し説明しておきたい．化学熱力学入門でエネルギー概念の拡大について述べたが，移相エネルギーはことに生理作用の熱力学的解釈にとって重要な概念である．それは生理作用の背後にあるタンパク質の構造変化を環境変化との対応で記述する最良の熱力学量だからである．変化は変化前後の差で表現されるが，変化の変化（力学の加速度概念に近い）は二つの異なる尺度での差になる．その一つの変化尺度を代表するのが移相エネルギーである．この中味については6章で詳しく述べる．ここでは移相エネルギーとは何か，どうやって求めるかについて簡単に紹介する．

アミノ酸を水溶液から変性剤溶液へ移したとき（図5.15），移相エネルギー Δg_{itr} は次のように解釈される．水溶液という相から変性剤溶液という相へ a_i というアミノ酸を移したとき，まわりの溶媒（環境）との相互作用がどう変化したかを表す量が移相エネルギーである．

$$\Delta g_{itr} = \delta g_i^{\mathrm{II}\ \mathrm{I}} = (g_i)_{\mathrm{II}} - (g_i)_{\mathrm{I}} \tag{5.45}$$

$(g_i)_{\mathrm{I}}, (g_i)_{\mathrm{II}}$ は二つの相それぞれにおける溶媒との相互作用エネルギーである．すでに入門で述べたように，自由エネルギーの特徴はそれが何らかの濃度比と結びつくことであった．

では移相エネルギーはどんな状況の濃度比と結びつくのか．答は透析平衡に見られる化学物質間の濃度比である．ただしこの透析平衡は思考上のもので実現はできない．というのは図5.16のような実験に必要な半透膜が通常存在しないからである．この思考実験で得られる相Iと相IIでのそれぞれのアミノ酸 a_i の濃度比が移相エネルギーに対応する．

$$\Delta g_{itr} = -RT \log_e ([a_i]_{\mathrm{II}}/[a_i]_{\mathrm{I}}) \tag{5.46}$$

すなわち Δg_{itr} は思考上の透析平衡の平衡定数を与える自由エネルギーということになる．

では実際にはどうやって Δg_{itr} を求めるか．それは，図5.16の実験の

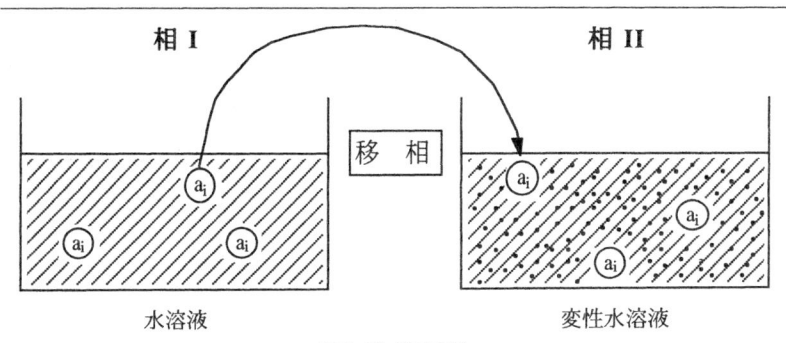

図 5.15 移相実験

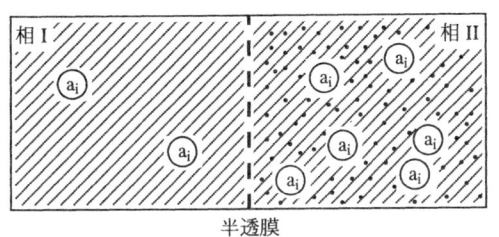

図 5.16 思考上の透析平衡実験
半透膜
(アミノ酸は通すが変性剤は通さない膜)

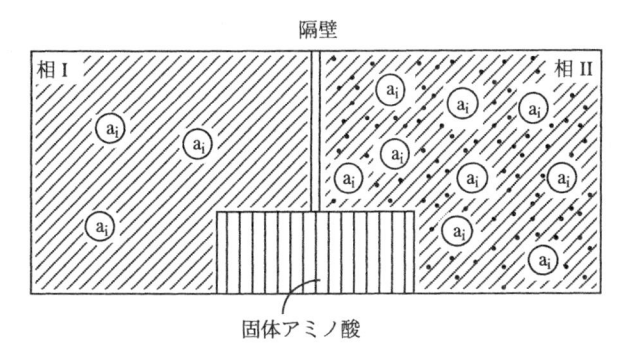

図 5.17 溶解平衡による移相エネルギー決定
隔壁
固体アミノ酸

代わりに溶解度を用いて行われる．図5.17のような実験を考えよう．この場合，相Iに溶けたi種アミノ酸は，固体アミノ酸を通じて溶解平衡にある．また相Iと相IIの間は物質の出入りを止める隔壁によってしきられている．しかし固体アミノ酸を通じて，アミノ酸は相Iと相IIの間を間接的に行ったり来たりしていると考える．このとき溶解度，すなわちアミノ酸の溶け得る最大濃度を用いて，移相エネルギーが求まる．

$$\Delta g_{itr} = -RT \log_e ([a_i]_{II}^{溶解}/[a_i]_{I}^{溶解}) \qquad (5.47)$$

式(5.47)は式(5.46)と同じかたちをしているが，$[a_i]^{溶解}$は図5.16の実験の$[a_i]$に比べ，通常はるかに高い濃度である．

透析平衡の場合，濃度比のみが重要なので，濃度自体は任意の低濃度に設定できるが，溶解平衡の場合は，溶解度自体が物質定数なので任意に設定できないという制限がある．だから溶解度による移相エネルギー決定では，濃度が高いことによるいろいろな不具合が起こる．現在でもこの問題は解決されておらず，溶解度から求められている移相エネルギーは精度が悪い．われわれは移相エネルギーの高精度の値をいまだに知らない．タンパク質にとって基本中の基本である移相エネルギーが，熱力学誕生後200年以上経ってなお正確に求められていないことに驚きの念を禁じえない．

このように大事な問題が長い間放置されてきた理由は何か．たぶん構造生物学の興隆でタンパク質の熱力学的研究，とくにTanfordモデルの応用が後退したためであろう．しかし本書に述べたように，生理現象の定量的理解は構造生物学の上に立った熱力学を展開してはじめて可能である．何か早急の解決を図る必要があるように思われる．

最後にOoi & Oobatakeのモデルに出てきたパラメータは，相Iを気相に，相IIを水の相にとったときの移相エネルギーからすべて導出できることをつけ加える．5章のすべての熱力学量がこのように移相エネルギーをベースに求まるのである．

コラム⑧　好む水と嫌う水——水の話III

生命の誕生は水という特殊な液体の存在と切り離せない，とコラム⑥

で述べた．また，水は生活，科学，産業の根源である．したがって，水を中心物質として，化学，物理学，コロイド化学の用語ができていても不思議はない．その代表格が，物質の水との関係を記述する親水性，疎水性という用語である．水に濡れやすい物体や水に溶けやすい物質は，親水性であるといわれ，水に濡れにくい物体や水に溶けにくい物質は，疎水性であるといわれる．親水性の代表は，木綿や和紙などの植物繊維や，砂糖などの糖類，塩などの電解質，また金属表面も一般に濡れやすい．疎水性の代表は油，ガソリン，ローソクなどのアルキル鎖中心の有機物である．ガラスは本来親水的だが，油でよごれたり，表面処理すると水をはじく．水をはじく固体表面は撥水性とも呼ばれる．

植物の葉の表面は糖質なので，本来水に濡れやすいが，サトイモの葉のように，はじいて水滴をつくるものもある．これは表面の化学的性質ではなく，表面の形状に由来する．サトイモの葉は，小さな細い毛が表面を覆っているので，その毛の上に乗った水が水滴となっている．本書で問題とする親水，疎水の性質は，こうしたモノの巨視的形状と無関係な分子の性質を指す．一般に親水基を多くもったものが親水性分子，疎水基を多くもったものが疎水性分子である．親水基と疎水基は大略以下のように分類される．

親水基　$-OH, -NH_2, -SH, \!>\!CO, \!>\!SO, -SO_4, -NO_3, =N, -O-$

疎水基　$-CH_n, -CF_n, \!>\!C\!=\!C\!\!<, -C\equiv C-$

もちろん，イオン化された親水基，たとえば$-O^-, -NH_3^+$などはさらに強い親水性である．当然予想されるように，CH_nが主成分の有機溶媒や人工繊維は疎水性となる．アミノ酸はこれらの親水，疎水基（原子団）の集まりなので，その性質は含まれる基の総和で決まり，親水的にも疎水的にもなる．

疎水性といっても，その本質は，水分子と疎水基が斥力でしりぞけあっているのではない．疎水性の起源は水のなかに他の分子を入れるすき間（キャビティ）をつくることの不利さと，すき間に入った分子と水分子の引力相互作用による有利さとの競合で決まる．表5.4のOoiの水和エネルギーg_hに見られるように，脂肪族を除いたすべての原子団は親水的（$g_h<0$）である．そのため，タンパク質は水との相互作用だけ

を考えれば，変性して壊れ，水との接触面積を大きくした方が，エネルギー的に有利となる．乾燥して固まっていた海草を水につけると，思いきり広がるのと同じ理屈である．だからほとんどのタンパク質は，水中では，広がり，壊れようとする傾向に抗し，アミノ酸間の引力により，ギリギリの安定性で，その立体構造が保持されているのである．

6 生理機能の熱力学原理

1 機能の移相エネルギー表現

移相エネルギーが,変性現象のようなタンパク質構造変化を記述する最良の(標準)自由エネルギー表現であることがわかった.そこで,この便利な熱力学パラメータを生理機能の問題に拡張しよう.そのためにまず,タンパク質変性の問題が生理機能とどうつながるのかを考えたい.

1.1 タンパク質変性から生理作用へ

酸や変性剤によるタンパク質変性は,結局,イオンや変性剤が何らかのかたちでタンパク質と相互作用し,天然状態と変性状態の存在比(濃度比)を変える現象である.変性の場合,変性剤が60%とか6Mとかの高濃度であるため,水と同じような化学的環境という印象をもつが,実際には変性剤分子が,タンパク質表面と弱い結合をつくっていると考えられる.一方,薬理作用のような生理現象では,昂進薬(アゴニスト),抑制薬(アンタゴニスト)の濃度は1Mの百万分の1($1\mu M$)以下であることが多い.この場合には,タンパク質への明確な部位特異的結合が行われている.そして薬の生理作用はほとんど,特異的リガンド結合に伴うタンパク質の構造変化としてその作用を説明できる.すると変性と生理作用という二つの現象は,リガンドの結合に伴うタンパク質構造変化,という共通の物質的基礎をもつことになる.したがって両者は共通の言葉で表現できるはずだ.これを模式的に描いたのが図6.1である.

従来は,タンパク質の変性と薬理作用が同一の土俵で論じられることはなかった.変性は物理化学の対象,薬理作用は生理学の対象とする先入観の壁があった.しかし,上に述べたように両者の違いは量的な差であり,

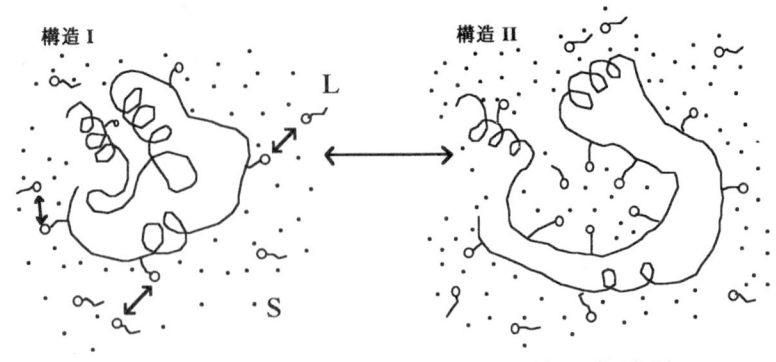

図6.1 リガンド結合に伴うタンパク質構造の変化（変性，薬理作用）

変性 ⇒ 生理作用

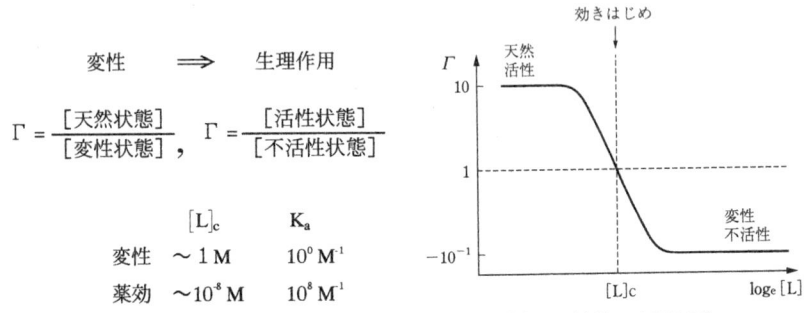

$$\Gamma = \frac{[天然状態]}{[変性状態]}, \quad \Gamma = \frac{[活性状態]}{[不活性状態]}$$

	$[L]_c$	K_a
変性	～1 M	10^0 M^{-1}
薬効	～10^{-8} M	10^8 M^{-1}

図6.2 機能で見たときのリガンド濃度による状態変化 Γ（変性，生理作用）

質的には同じ現象である．ここでいう量的な差とは，加える薬剤の濃度差，そして構造変化の大きさの差である．変性現象，生理作用の両者に共通していることは，タンパク質が環境変化に応じたいくつかの安定構造をとるということである．変性現象では，これを少数の状態間の状態転移で表現した．同じように，生理現象が作用点のタンパク質の少数の（たとえば活性状態，不活性状態のような）明確な状態で記述されるなら，変性現象に適用された熱力学的扱いが，適用可能なのである．そのことを図6.2を使って，さらに直感的に示そう．

現象を単純化し，変性でも生理作用でも，タンパク質の二つの状態変化（質量作用比 Γ）で表現されるとしよう．変性では天然状態と変性状態，生理作用の場合は活性状態，不活性状態．状態の意味する中味はさまざまであり，チャネルなら開と閉の状態，ヘモグロビン（これは次の節で詳

述) なら R (relaxed) 状態と T (tensile) 状態などである．もちろん変性のところで述べたように，変性，不変性状態さらにいくつかの状態があっても同じ扱いができる．大事なのは，少数の明確な状態をとるのがタンパク質固有の特性だということである．変性現象では変性中点（$\varGamma=1$），薬理作用は薬効が現れる点（$\varGamma=1$）が現象のはっきりするところである．両者ともに $\varGamma=1$ が変化の中点だが，対応するリガンド濃度は，たとえば図6.2に示すように，8桁も異なる．しかし両者とも，濃度の対数プロットをすれば，同じようなかたちの転移を示す（協同性指数 $n=1$ の場合）．問題とするリガンドの濃度差は，リガンドの会合定数（平衡定数）$K_a(=1/K_d)$ の差を反映しているにすぎない．

ところで薬理作用についてはアゴニスト，アンタゴニストに対する会合または解離定数が昔から使われている．こうした平衡定数は会合または解離の（標準）自由エネルギー（平衡エネルギー）に対応することはすでに述べた．しかし本節ではこうした常識的な扱いではなく，タンパク質自体の状態変化に着目して，移相エネルギー表現を用いる．こうすれば，生理現象を，たとえば 50 M（モル/リットル）から 10^{-10} M までの，幅広いリガンド濃度範囲で扱えるからである．では会合エネルギーと移相エネルギーの関係はどうなっているのか．通常の化学平衡の概念がどのように拡張されるのか．

1.2 化学平衡から透析平衡へ

ここでリガンド結合に関し，平衡エネルギーと移相エネルギーの相互関係を調べよう．両者を結ぶ二つの平衡概念を図6.3に示した．$K_a, \varDelta G^0$ は化学平衡の会合定数と標準自由エネルギー変化，そして K_{tr} と $\varDelta G_{tr}$ は透析平衡（リガンド L を通さない半透膜下での）での平衡定数と移相エネルギーである．透析平衡を用いた移相エネルギーの説明を前節で行ったが，そこでは変性剤を明確にリガンドと意識せず，ただ相 I と相 II の環境を区別する媒質とみなした．ここではリガンドとして扱い，きわめて小さい会合定数を表面に出して扱う．こうした扱いでは化学平衡との対応をつけるため，非結合状態[P]と結合状態[PL]のタンパク質を区別する．

a) "化学平衡"   b) "透析平衡"

$[P] + [L] \leftrightarrow [PL]$

$K_a = \exp\left(-\dfrac{\Delta G^0}{RT}\right) = \dfrac{[PL]}{[P][L]}$

$\Delta G^0 = G_{PL}^0 - G_P^0 - G_L^0$

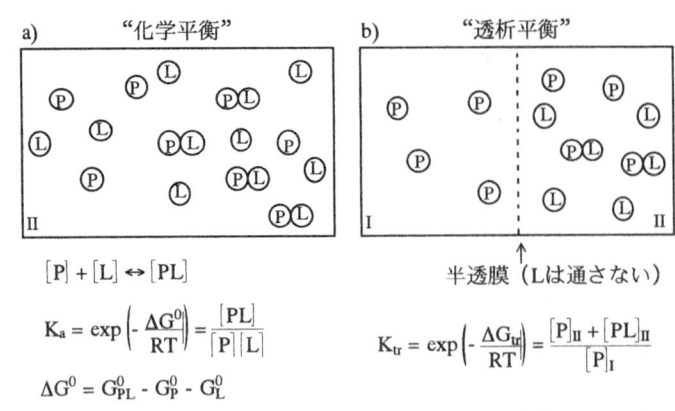

半透膜（Lは通さない）

$K_{tr} = \exp\left(-\dfrac{\Delta G_{tr}}{RT}\right) = \dfrac{[P]_{II} + [PL]_{II}}{[P]_I}$

図6.3 化学平衡と透析平衡およびそれぞれの平衡定数と平衡自由エネルギー

図6.3からただちに次の式がでる．またこの式をもとに ΔG^0 が ΔG_{tr} に関係づけられる．

$$K_{tr} = 1 + K_a[L], \qquad \Delta G_{tr} = -RT \log_e (1 + K_a[L]) \qquad (6.1)$$

式(6.1)は $K_a \gg 1$ で成り立つが，変性現象やタンパク質安定化現象のように，K_a が1付近や，さらに1より小さいとき（負の結合）は扱えない．これを一般に拡張したのがシェルマン（Shellman）式である（J. A. Shellman, 1987）．

$$K_{tr} - 1 = (K_a - 1)[L] \qquad (6.2)$$

会合エネルギーは引力相互作用なので，$\Delta G^0 < 0$ となる．したがって図6.3の中の定義式を見るかぎりつねに $K_a > 1$ だが，1より小さくなる場合もあるのである．たとえば糖やポリオールのような安定化剤では，リガンドがタンパク質表面からむしろ排除される（負の結合）．その場合，相互作用は斥力となり，$\Delta G^0 > 0$ が要請され，K_a も1より小さくならなければならない．同じように，式(6.2)より K_{tr} は1より小さくなることもある．したがって ΔG_{tr} も正と負の両方を取り得ることになる．事実5章で扱ったエタノールと尿素の二つの場合，$\delta \Delta G^{DN}$ の符号が違っていた．

負の結合とは何であろうか．次のように考えるとわかりやすい．すなわち，正の結合はリガンドがタンパク質表面に吸着されることを意味するから，負の結合は逆に，リガンドがタンパク質表面から排除され，その濃度

1 機能の移相エネルギー表現──139

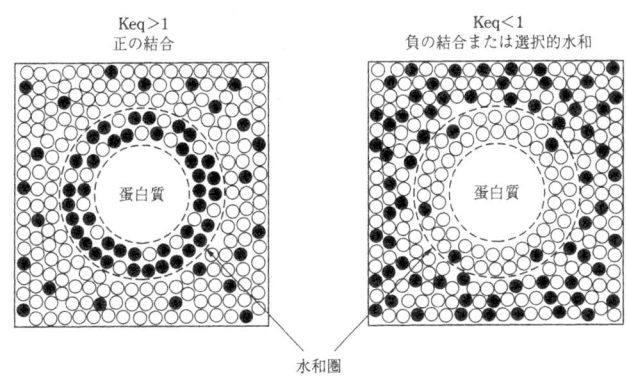

図6.4 結合の正負とリガンドの存在様式

がまわりの溶液より低いことを意味する．この事情を図6.4に示した．これは結局，水とタンパク質との結合より，リガンドとタンパク質の結合の方が弱く，水分子の濃度が，タンパク質表面で周辺よりさらに高くなることを意味する．これはしばしば選択的水和と呼ばれる．もちろん，純水に溶けているとき以上に水がタンパク質表面に水和するわけがない．リガンドの溶けた水溶液における水の濃度を基準にとってのことである．このような負の結合をもつ物質はけっして少なくなく，たとえば，タンパク質安定化剤，砂糖や硫安（硫酸アンモニウム）がそうであった．

タンパク質へのリガンド結合と水和との競合を考慮すると，厳密には会合定数 K_a は，以下の式で示される二つの会合定数の比となる．

$$K_a = K_{リガンド}/K_水 \tag{6.3}$$

リガンド結合が水結合より強いとき（$K_{リガンド} > K_水$），$K_a > 1$ となり，逆のとき $K_a < 1$ となる．通常の会合定数をここまで拡張することで，移相エネルギーは完全に，会合の標準エネルギー変化，ΔG^0 を用いて表現できる．ただし生理作用の場合，一般に $K_a \gg 1$ なので $(K_a - 1)$ は K_a と置き換えてもさしつかえない．すなわち式(6.1)を用いてもよい．

移相エネルギーはこうして平衡の会合定数から次のようにして求まる．

$$\Delta G_{tr} = -RT \log_e [1 + (K_a - 1)[L]] \tag{6.4}$$

次に生理作用の解析で，この量がどう活用されるのか見てみよう．

1.3 生理作用と移相エネルギー

図6.5に示すように，リガンド結合に伴う生理作用とは，リガンドの濃度に依存したタンパク質（受容体，チャネルなど）の活性状態（濃度 $[P_a]$），非活性状態（濃度 $[P_i]$）の比率変化を意味する．求めたいのは，リガンド濃度 $[L]$ とその比率 $[P_a]/[P_i]$ との関係である．Q は質量作用比 Γ と同じものだが，生理作用を強調するため，新しい記号と新しい名前，活性度を用いることにしよう．ここで，リガンドのあるなしで活性度 Q がどう変わるのかを調べよう．

$$\frac{[P_a]}{[P_i]} = Q_\mathrm{I}, \quad \frac{[P_aL]+[P_a]}{[P_iL]+[P_i]} = Q_\mathrm{II} \quad (6.5)$$

まず活性度 Q の変化，すなわちリガンドのある場合の Q_II と，ない場合 Q_I の比を移相エネルギーで表現しよう．$K_\mathrm{tr}^a, K_\mathrm{tr}^i$ を活性状態(a)と不活性状態(i)それぞれのリガンド L の透析平衡定数とする．すると Q_II と Q_I の関係は次式で与えられる．

$$Q_\mathrm{II} = \frac{[P_aL]_\mathrm{II}+[P_a]_\mathrm{II}}{[P_iL]_\mathrm{II}+[P_i]_\mathrm{II}} = \frac{[P_aL]_\mathrm{II}+[P_a]_\mathrm{II}}{[P_a]_\mathrm{I}} \cdot \frac{[P_i]_\mathrm{I}}{[P_iL]_\mathrm{II}+[P_i]_\mathrm{II}} \cdot \frac{[P_a]_\mathrm{I}}{[P_i]_\mathrm{I}}$$

$$= \frac{K_\mathrm{tr}^a}{K_\mathrm{tr}^i} Q_\mathrm{I} = \exp\left(-\frac{(\Delta G_\mathrm{tr}^a - \Delta G_\mathrm{tr}^i)}{RT}\right) Q_\mathrm{I} \quad (6.6)$$

すなわち，リガンド濃度が 0 からある濃度に変わったとき，Q の変化は，二つの状態（活性，不活性）の移相エネルギーの差で表現されるのである．式(6.6)は次のように書き直される．

$$RT \log_e Q_\mathrm{II}/Q_\mathrm{I} = \Delta G_\mathrm{tr}^a - \Delta G_\mathrm{tr}^i = -\delta\Delta G^{ai} \quad (6.7)$$

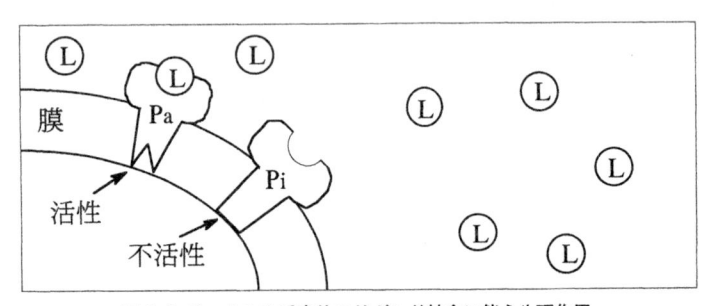

図6.5 チャネルや受容体のリガンド結合に伴う生理作用

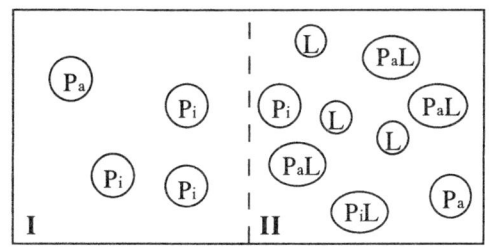

図 6.6 活性度 Q のリガンド濃度依存性を透析平衡で概念的に示す

ここでいう移相エネルギーは，タンパク質の状態を固定してリガンド濃度のみ変えたときの自由エネルギー変化である．それはまたそれぞれの状態でのリガンドとの相互作用を反映している．

式 (6.7) は 5 章に示した，変性自由エネルギーの移相に伴う変化 $\delta\Delta G^{DN}$ の式 (5.35) と，完全に対応するものである．すなわち $\delta\Delta G^{ai}$ がわかりさえすれば，そのリガンド濃度に対し，生理作用がどう変わったかが，活性度の変化（Q_{II}/Q_{I}）として予言できる．逆に Q_{II}/Q_{I} がわかれば，$\delta\Delta G^{ai}$ がわかり，分子機構が推測される．次に式 (6.7) の定式化を用いて実際の生理作用の解析を行おう．

2 生理機能の調節機構

2.1 生理作用の恒常性と調節

アンフィンゼン・ドグマの骨子である「自由エネルギー最小則」は，平衡状態のもっともあり得べき姿を記述している．前節までの多くの結果も，この平衡状態を仮定して行われてきた．もちろん，生物の体のなか，そして生きている舞台が，平衡にはなく，非平衡状態にあることは常識である．では今までの議論は無駄なのだろうか．

二つの理由でそうではない．一つは非平衡状態も，局所的に見れば平衡になっており，いわゆる局所平衡が成り立つこと．もう一つは生理作用の恒常性である．局所平衡を仮定する場合，生理作用における平衡，非平衡の局面を区別することが必要となる．薬理作用のような速効性で，直接タンパク質に作用するような現象（たとえば，青酸カリのような毒に典型的

に見られる瞬間的効果)や,血液中のヘモグロビンによる,酸素吸着のような現象では,たしかに局所平衡の仮定が成立する.しかし代謝サイクルに組み込まれた系や,神経伝達機構,筋肉収縮,遅い化学情報伝達では,この仮定が成立しないだろう.

こうした系においても,いわゆる恒常性は成り立っている.そしてそれは物理の言葉で非平衡定常系を仮定することと同等である.次にこの定常系において今までの議論がそのまま成り立つことを示そう.

一般に細胞のなかには,非平衡状態を保つため,エネルギーのフローがつねに存在する.たとえばATP⇔ADP+Piの化学平衡は分解側に偏っており,ATPはADPより濃度が低いのが自然である.しかし細胞内のATPの量は,圧倒的に平衡濃度より高濃度に保たれている.ATPの合成は,解糖系や呼吸系でまかなわれ,ATPを高濃度に維持するエネルギーフローがつねに存在する.ATPをエネルギー源とする種々の化学反応があり,ATP濃度の維持は生体恒常性の鍵なのである.

1章の物理的生物像で,生物は極端な非平衡にはないと述べた.では1個の細胞はどの程度平衡からはずれているのだろうか.その程度を5章の化学熱力学入門で示した式(5.6),(5.8)を用いて求めよう.

平衡状態では,すべての化合物の(濃度を考慮した)反応前後の自由エネルギー差は0である.非平衡状態では式(5.8)の質量作用比 $\varGamma$ は $K_{平衡}$ と異なるので,式(5.6)の $\varDelta G$ は0にならない.この $\varDelta G$ の大きさが,平衡からのずれを表すことになる.通常の細胞では,ATP,ADP,Piの濃度から考え,その値は

$$\varDelta G = \varDelta G^0 + RT\log_e \frac{[\mathrm{ATP}]}{[\mathrm{ADP}][\mathrm{Pi}]} \cong 57\,\mathrm{kJ/mol} = 23kT/\text{分子} \quad (6.8)$$

と見積もられている.これが生体における非平衡性の程度である.常温の20倍程度の自由エネルギーというのは水素結合4個分程度(表4.2参照)であり,共有結合エネルギーの1/10程度である.私は,この事実をもとに,生体における非平衡度は小さいと1章で述べたのである.

先に述べたように生体の恒常性とは,こうした一定レベルの非平衡状態

をつねに保つことを意味する．一定レベルの非平衡状態を，物理では定常状態と呼ぶ．そしてこの定常状態では，式(6.7)と同じような，生理機能の移相エネルギー表現が可能なのである．だから非平衡系であっても今までの議論が適用できる．

まず定常状態Ⅰの生理機能を次の式で表現する．

$$\varDelta G_{st} = \varDelta G^0 + RT \log_e Q_I \tag{6.9}$$

$\varDelta G_{st}$ は定常状態を維持する自由エネルギーの拘束条件．たとえば，式(6.8)で与えられる $\varDelta G$ である．$\varDelta G^0$ は標準自由エネルギー変化，Q_I は式(6.5)で与えられる活性度（質量作用比）である．これはたとえば，神経のチャンネルでは，閉状態，開状態の存在比（6章2.3節参照），ヘモグロビンならR状態，T状態の存在比（6章2.2節参照），筋肉ならミオシン・ADP・Piの状態とミオシンADPの状態の存在比（6章4.1節参照）などにあたる．

この定常状態に外から，ホルモン，サイトカイン，カルシウムイオン，IP_3，アゴニスト，アンタゴニストのような，タンパク質結合性のリガンドLが作用（調節）する．すると，このリガンドの特定タンパク質への結合から，新しい定常状態Ⅱが生まれる．この定常状態Ⅱは恒常性を仮定し，また活性状態，不活性状態のリガンド結合に伴う移相エネルギー変化を用いて，以下のように与えられる．

ここで恒常性の要請から，$\varDelta G_{st}$ は新たな定常状態ⅡでもⅠと同じとした．

$$\varDelta G_{st} = \varDelta G^0 + \delta \varDelta G^{ai} + RT \log_e Q_{II} \tag{6.10}$$

また活性度 Q は二つの状態のタンパク質の存在比であるところから，それぞれの状態へのリガンド結合を考え，式(6.7)と同じ移相エネルギー変化 $\delta \varDelta G^{ai}$ を用いた．式(6.9)と(6.10)からただちに次式を得る．

$$RT \log_e \frac{Q_{II}}{Q_I} = -\delta \varDelta G^{ai} \tag{6.11}$$

これは平衡状態における活性度変化の式(6.7)と同じ形式をもっている．これで，調節という生理作用に対する定量的表現が，恒常性さえ維持されていれば，非平衡状態でも成り立つことが証明された．移相エネルギー表

現を基礎に次節以降，具体的な生理作用の解析を行おう．

2.2 ヘモグロビンの酸素吸着調節

もっとも古くから知られているタンパク質の生理作用に，血球中のヘモグロビンの酸素吸着と運搬がある．4章の2節で述べたように，ヘモグロビンは，歴史上最初にX線構造解析されたタンパク質であり，われわれの体や，他の動物たちの体のなかに大量に存在する．その機能は空気中の酸素を吸着し，血液の循環に乗って，筋肉や組織に酸素を供給することである．この酸素吸着は，血液中や組織の酸性度や，低分子性の制御因子 (DPG：diphosphoglycerate：グリセロール二リン酸) により調節されている．この調節機構を移相エネルギーの言葉で解説しよう．そのために，まずタンパク質のリガンド結合の一般式からスタートする．

① 独立な結合サイトへのリガンド結合

個々の結合サイトが独立なので，サイトごとに次の平衡式が成り立つ．

$$P + L \xrightleftharpoons{K} PL$$
$$K = \frac{[PL]}{[P][L]} \quad :会合の平衡定数 \tag{6.12}$$

$[P]$ はタンパク質濃度，$[L]$ はリガンド濃度．これよりリガンドのサイト占有率 θ は次式で与えられる．

$$\theta = \frac{[PL]}{[P]+[PL]} = \frac{K[L]}{1+K[L]} \tag{6.13}$$

② n 個の結合サイトが協同的にリガンド結合する場合

平衡式とサイト占有率は以下で与えられる．

$$P + nL \xrightleftharpoons{K} PL^n$$
$$K = \frac{[PL^n]}{[P][L]^n} \quad :会合の平衡定数 \tag{6.14}$$

$$\theta = \frac{[PL^n]}{[P]+[PL^n]} = \frac{K[L]^n}{1+K[L]^n} \tag{6.15}$$

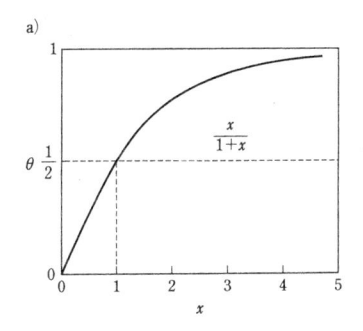

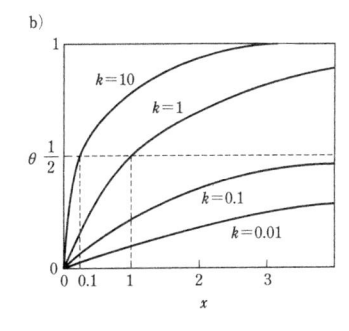

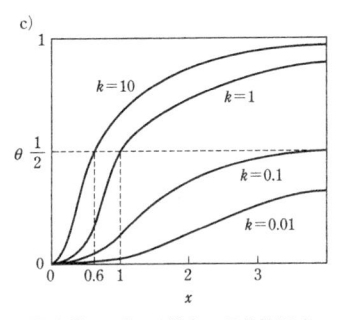

図 6.7 リガンド結合の吸着等温式

(a) 一般的なラングミュア吸着等温式 (b) 独立結合の場合（式 (6.13)） (c) 4 個のサイトが協同的結合の場合（式 (6.15)）

式 (6.13), (6.15) ともに $K[\mathrm{L}]=x$ または $K[\mathrm{L}]^n=x$ とおけば

$$\theta=\frac{x}{1+x} \tag{6.16}$$

となり，単純で典型的な飽和曲線が得られる．この式はラングミュア (Langmuir) の結合等温式と呼ばれる．図 6.7 にリガンド濃度 [L] とサイト占有率 θ の関係を示した．

①, ②ともに，リガンド結合の移相エネルギー表現は，以下の式で与えられる．

$$K_{\mathrm{tr}}=\exp\left(-\frac{\Delta G_{\mathrm{tr}}}{RT}\right)=\frac{[\mathrm{P}]+[\mathrm{PL}^n]}{[\mathrm{P}]}=1+K[\mathrm{L}]^n \tag{6.17}$$

$$K>1$$

ところでヘモグロビンの酸素吸着は①, ②のような単純なかたちを示さ

ない．吸着曲線は典型的な飽和型でなく，いわゆるS字型カーブを描く．この吸着現象はモノー-ワイマン-シャンジュ (J. Monod, J. Wyman, J. P. Changeux, 1963) により研究され，吸着のアロステリックモデルと呼ばれている．

③ ヘモグロビン酸素吸着のアロステリックモデル

このモデルでは，ヘモグロビンに，4個の酸素吸着サイトがあること，酸素吸着可能なR状態と，吸着の弱いT状態の，2状態があることを仮定する．ヘモグロビンは，ほとんど同一のサブユニット（ミオグロビン1個に似ている）4個からなる4量体である．RとTの変換は四次構造レベルで起こるので，すべてのサブユニットがR状態かT状態を同時にとり，その混合状態はないとする．このように，ヘモグロビンの四次構造を，2状態のみに限定したことに，このモデルの特徴がある．アロステリック（遠位構造的）の名称は，サブユニット1個に酸素がつくと，残りの3個全体が影響を受け，2状態的転移をする効果を強調してつけられた．四つのサブユニットがすべて同時にRまたはT状態に対応した三次構造をとるという2状態モデルは，前章の変性のところで述べたタンパク質全体構造の協同的安定化に由来している．

ヘモグロビンのアロステリックモデルは図6.8のように模式化される．このモデルから，i個酸素吸着したヘモグロビンの，TとR状態の濃度は次式で与えられる．

$$[T_i] = [T_0]\binom{4}{i}(K_T[L])^i \tag{6.18}$$

$$[R_i] = [R_0]\binom{4}{i}(K_R[L])^i \tag{6.19}$$

ここで$[T_i]$などはi個酸素のついたT状態の濃度，$[L]$は酸素濃度である．上式で$\binom{4}{i}$は，i個の酸素が吸着するとき，4個のサブユニットにi個の酸素がどう配分されるか，という場合の数．$(K_T[L])^i$や$(K_R[L])^i$のファクターはT_0, R_0から出発して，1個ずつ酸素$[L]$がついていく化学平衡に対応する．式(6.18), (6.19)を用いると，ヘモグロビン1個あたり，平均何個酸素が吸着されているかが見積もられる．それをサイトの平均占

$$K_L = \frac{[T_0]}{[R_0]} = \exp\left(\frac{-E_0}{RT}\right)$$

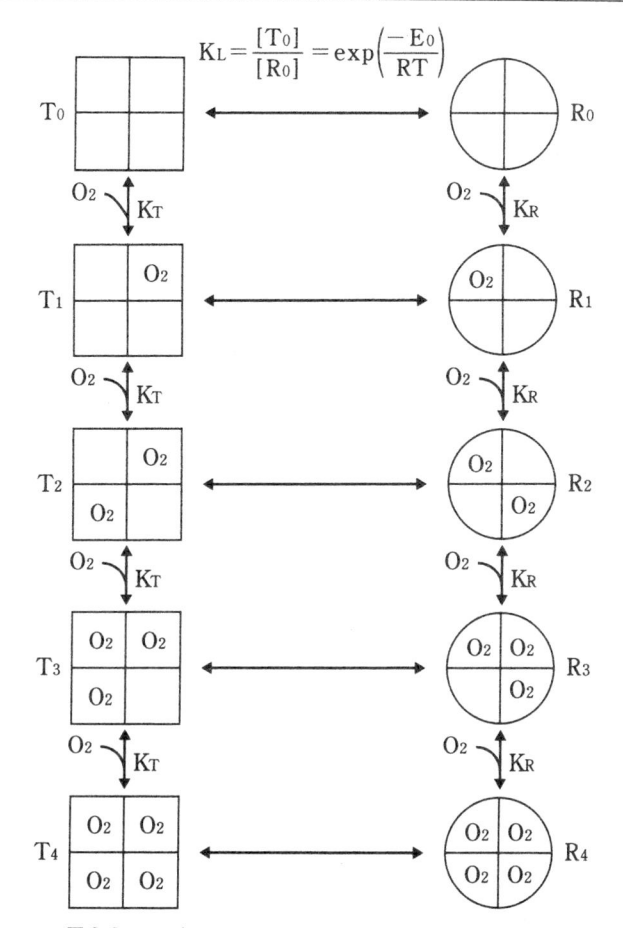

図6.8 ヘモグロビンへの酸素吸着のアロステリックモデル

二つの構造状態RとTがあり，それぞれが酸素を吸着するが，結合能はRが圧倒的に高い．酸素のない状態では，TはRに比べ圧倒的に存在確率が高い（$K_L \gg 1$, $K_R \gg K_T$）．

有率 θ で表現すれば，以下の式となる．

$$\theta = \frac{[R_1] + 2[R_2] + \cdots + 4[R_4] + [T_1] + 2[T_2] + \cdots + 4[T_4]}{4([R_0] + [R_1] + \cdots + [R_4] + [T_0] + [T_1] \cdots + [T_4])}$$

$$= \frac{K_L K_T[L](1 + K_T[L])^3 + K_R[L](1 + K_R[L])^3}{K_L(1 + K_T[L])^4 + (1 + K_R[L])^4} \quad (6.20)$$

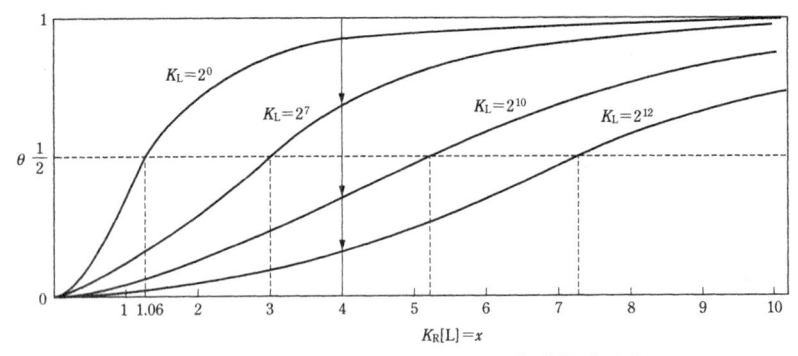

図6.9 ヘモグロビンの酸素吸着曲線の $K_L(=[T_0]/[R_0])$ 依存性

$$K_L = \frac{[T_0]}{[R_0]}$$

T状態の酸素吸着を無視すると，上式は以下のように簡単化される．

$$\theta = \frac{K_R[L](1+K_R[L])^3}{K_L+(1+K_R[L])^4} = \frac{x(1+x)^3}{K_L+(1+x)^4}, \quad x = K_R[L] \quad (6.21)$$

$K_R[L]$ を横軸にとり，酸素吸着曲線を表すと，図6.9のようなS字型の曲線が得られる．ここで K_L は T_0 と R_0 という二つの状態の存在比である．これは前節で述べた，リガンド（酸素）のない場合の活性度 Q に対応する．この活性度 K_L を低い値から 2^0-2^{12} の広い範囲にわたって変えると，吸着曲線は，図6.9のように吸着域が右方，すなわち酸素濃度（血液中に空気から溶けている酸素分圧）の高い方へと移動する．ではどうやって活性度 K_L を変えるのか．それにはヘモグロビンに吸着する第二，第三のリガンドや変性剤，安定化剤を溶液に加えればよい．すなわち同じ酸素濃度においても K_L の値を吸着因子で変えることにより，酸素吸着量 θ を制御できるのである．これを図6.9のなかに，$K_R[L]=4$ に固定した場合の K_L 依存性として示した．

④ ヘモグロビンの酸素吸着調節の移相エネルギー表現

ここで，酸素吸着を阻害するものを阻害剤 (inhibitor)，促進するものを促進剤 (activator) と呼ぼう．図6.9に示したように，K_L が大きくなると吸着曲線は右の方へ移動する．すると同じ酸素分圧（$K_R[L]$）でも，酸素吸着が減るので，結局阻害剤は K_L を大きくする因子ということにな

る．K_L が大きいことは，T_0 が R_0 に比べ増えることを意味するから，阻害剤は R_0 より T_0 に，よりよく結合する化学物質であることになる．逆に促進剤は，T_0 より R_0 に，よりよく結合する化学物質であればよいことになる．

次にこの問題を定量的に扱おう．制御因子 C を溶かし，その C の T 状態，R 状態への結合を考える．

$$T_0 + C \rightleftharpoons T_0 C, \qquad K_I = \frac{[T_0 C]}{[T_0][C]} \qquad (6.22)$$

$$R_0 + C \rightleftharpoons R_0 C, \qquad K_A = \frac{[R_0 C]}{[R_0][C]} \qquad (6.23)$$

すると，K_L はこの C の存在で次のように変わる．

$$\begin{aligned}
K_L = \frac{[T_0]}{[R_0]} \;\rightarrow\; K_L' &= \frac{[T_0]+[T_0 C]}{[R_0]+[R_0 C]} \\
= e^{-\frac{\Delta G_0^L}{RT}} \qquad &= \frac{[T_0]}{[R_0]} \cdot \frac{1+K_I[C]}{1+K_A[C]} \\
&= e^{-\Delta G_0^L/RT} \frac{1+K_I[C]}{1+K_A[C]} \qquad (6.24)
\end{aligned}$$

式(6.24)の付加因子 $\dfrac{1+K_I[C]}{1+K_A[C]}$ の分母と分子は式(6.1)で示した透析平衡定数であり，移相エネルギー ΔG_{tr} で表現できる．制御因子存在下の K_L' は最終的に以下で与えられる．

$$\begin{aligned}
K_L' &= \exp\left[-\frac{1}{RT}(\Delta G_0^L + \Delta G_{tr}^T - \Delta G_{tr}^R)\right] \\
&= \exp\left(-\frac{\Delta G_0^L}{RT}\right)\exp\left(\frac{\delta \Delta G^{RT}}{RT}\right) \qquad (6.25) \\
\delta \Delta G^{RT} &= \Delta G_{tr}^R - \Delta G_{tr}^T
\end{aligned}$$

結合因子 C が，どれだけ R と T の自由エネルギーを変化させたか示す指標が $\Delta G_{tr}^R, \Delta G_{tr}^T$ であり，$\delta \Delta G^{RT}$ はその両者の差を表す．いわば結合因子存在下での R の相対的有利さを示す指標である．同じ酸素分圧で，酸素吸着を増すためには，K_L' が K_L に比べ小さくなること，すなわち $\delta \Delta G^{RT}$ が負になればよい．そのためには $\Delta G_{tr}^R < \Delta G_{tr}^T$ となり，C が R 状態

により強く結合すればよい（正の結合）．またK_L'を大きくしたければ，$\delta \Delta G^{RT}$を正にすること．これはR状態からCが排除されればよい（負の結合）．では実際のタンパク質はどうであろうか．

ヘモグロビンにはボーア（Bohr）効果があり，酸性条件下で酸素吸着能が上がる．水素イオン（H^+）をリガンドCと考えれば，R状態のとき水素イオンが結合しやすくなれば，酸素吸着能が上昇する．事実，構造変化（T→R）により，N末端およびHis 146の水素イオン解離基がより水に露出しやすくなり，水素イオンの結合が容易になる．またサブユニット間へのDPGの結合は，T状態よりR状態の方が四次構造がゆるいので，容易となる．したがってDPGはR状態に結合し，酸素吸着能を向上させる．

元来R状態，T状態の命名はRelaxed（ゆるい），Tensile（つっぱった）四次構造状態に与えられた．したがって両者の水との接触面積（露出度）には差がある．その差はX線結晶解析から水分子数十個分と見積もられている．構造生物学のこの知見を正当化する熱力学実験を次に紹介しよう．

安定性の本質は，天然状態と変性状態での水への露出度の差（変性状態の露出度が大）であった．タンパク質は吸着性の物質（正の結合をする変性剤）により不安定化され，反吸着性物質（負の結合をする安定化剤）により安定化された．R状態の露出度が，T状態のそれより大きいことは，変性剤中ではR状態が有利，逆に安定化剤中ではT状態が有利となることを示唆する．したがってこうした薬剤を水に溶かすと，前述の議論に従ってヘモグロビンの酸素吸着は影響を受けるだろう．事実そうした報告が行われている．図6.10はパルセジアン（Parsegian）らの実験結果である（M. F. Colombo *et al., Science* **256** (1992) 655）．予想どおり安定化剤（砂糖）により曲線は右へ（高い分圧）移動した．この移動量の，安定化剤濃度依存性から考え，R状態とT状態の水への露出度の差は，水60個分と見積もられた．

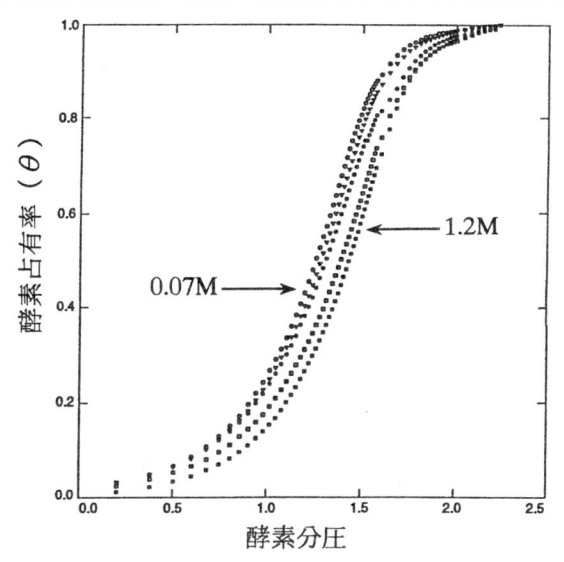

図6.10 ヘモグロビン酸素吸着曲線の安定化剤による酸素分圧の高圧シフト
T状態が増えると酸素吸着が弱くなり,右方向(高酸素分圧)へと移動する.

2.3 ナトリウムチャネルの調節

チャネル開閉の電気生理

　神経伝達機構の本質は,神経細胞表面にある膜タンパク質,ナトリウムチャネル(NaCh)の,ナトリウムイオンの透過とその制御にある.このNaChへのイオン透過に伴い,膜内外の電荷分布が変わり,膜をはさんだ内外の電位(膜電位)が変化する.神経繊維は一般に1-10 μmの直径ときわめて細いが,イカの神経は巨大で500 μm(髪の太さの5倍)ほどもある.そのためイカの巨大神経は,昔から電気生理学の中心材料であった.

　NaChの開閉メカニズムの解明もこの材料を用いて行われてきたが,近年,パッチクランプという画期的方法の出現で,微小な神経細胞1個の電気生理,さらにナトリウムチャネル1個の電気特性が測られるようになり,イカを用いた神経の実験は歴史的役割を終えたように見える.しかし,巨大であること,チャネルのような神経膜タンパク質のみを純粋に残し,他の夾雑物を除去できる,などの理由で,生物物理の実験にはふさわしい側面を保持している.

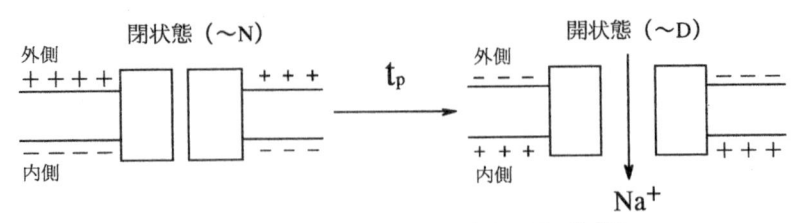

図 6.11 ナトリウムチャネル（NaCh）開閉の模式図
t_p は閉から開への特性時間（開時間）

ナトリウムチャネル（NaCh）の開閉を模式化すると，図6.11のようになる．隣のチャネルの開閉状態に伴うナトリウムの，外から内への流入で，膜電位は $-60\,\mathrm{mV}$（外側を0として）から $+50\,\mathrm{mV}$ に変わる．図6.11に見るように，もちろんこれは正電荷のナトリウムが内側へ流入するからである．こうした膜電位自体の変化が近傍のNaChに伝わり，閉から開状態への移行を駆動する．こうして電位変化が空間的に，次々に伝わっていくのが神経パルスの伝達機構である．NaChが，どうして電位変化により閉から開への状態に変わるのか，その詳細はここでは議論しない．また図6.11では開状態がすぐに第3の状態，不活性状態に移ることも無視した．NaChの開と閉という二つの状態のみに着目し，このチャネル開閉の特性が，リガンド結合や変性剤，安定化剤でどう調節されるかを考えたい．

チャネル開時間の添加剤による変化

チャネル開閉の特性時間は，溶液中の薬剤により調節されることが昔から知られている．チャネルのブロッカーと呼ばれるものは，強い結合リガンドで，その開特性を阻害する．生理作用の熱力学的見地からは，これはブロッカーが閉状態のチャネルにより強く結合し，したがってその存在確率を高めることで説明される．移相エネルギーの言葉では，$\delta\varDelta G^{co}$ (close → open) が正になるということである．逆に開状態の方に強く結合する薬剤があれば，チャネルは開き放しになるか，その後につづく不活性状態に固定されるだろう．痛みも一般にイオンチャネルの開閉に伴う膜の興奮現象として理解できる．チャネル開閉の平衡が種々の薬剤，酸，熱によりずれれば痛みの域値は変わることが期待される．たとえば痛みが低

温で消えるのも本章のアプローチから充分説明可能である.

定量的実験として,微量で効く薬剤ではなく,変性剤,安定化剤を用いて,チャネル開閉特性(図 6.11 の t_p)への効果が調べられている.久木

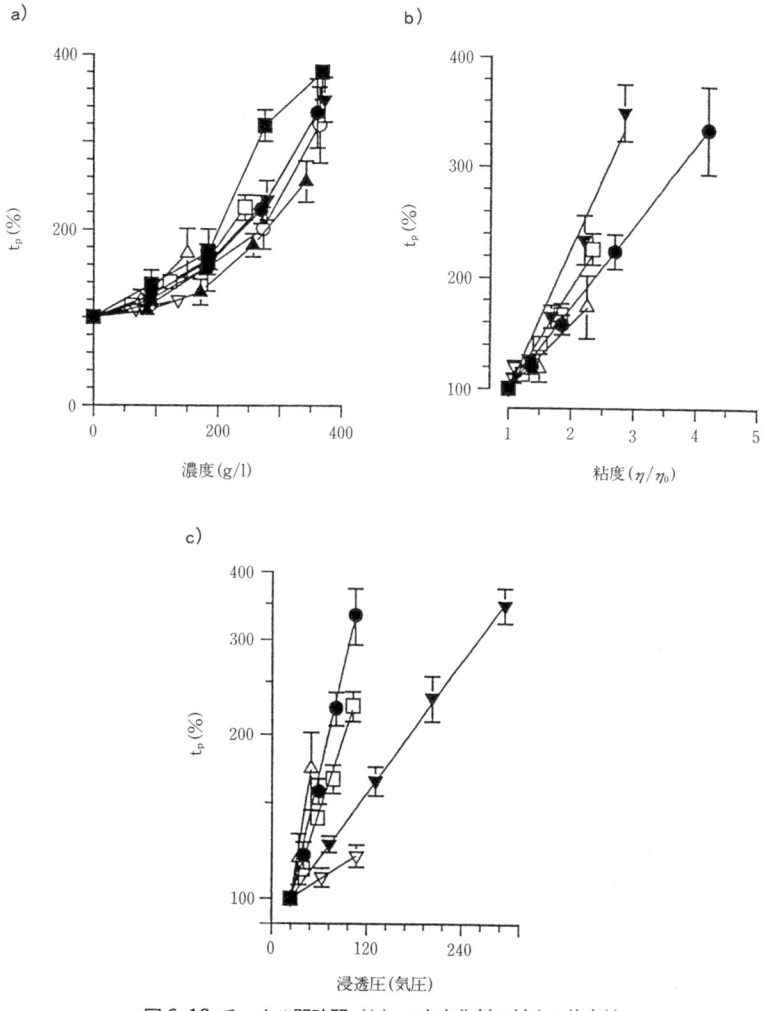

図 6.12 チャネル開時間 (t_p) の安定化剤に対する依存性
 (a) 濃度変化に伴う t_p 変化の生データ (b) 横軸を安定化剤の粘性に変え,図(a)を再プロット (c) 横軸を安定化剤の浸透圧に変え,図(a)を再プロット.

田は伝統的方法で種々の糖類，ポリオール，グリコールのチャネル開閉特性時間への影響を，系統的に研究した (F. Kukita, *J. Physiol*. **498** (1997) 109)．その結果のいくつかが図 6.12 に示されている．

チャネル開時間 t_p は，電気生理の実験から，電位の変化の立ち上り時間として定義される．神経伝達では実際には，逆向き電位を発生させる二つの相異なるチャネル，ナトリウムチャネル (NaCh) とカリウムチャネル (KCh) が拮抗するので解析は，NaCh 成分のみを取り出し t_p が決定されている．図 6.12(a) の生データからすぐに，安定化剤の添加に伴い t_p がつねに遅くなるという，際だった特徴がうかがえる．ではこの結果をどのように物理化学的に解釈したらよいだろうか．

糖やグリセロールなどを水に加えたときのよく知られた効果が二つある．ネバネバすること．そして漬物に見る細胞から水を吸いだす効果．前者は粘性に関係し，後者は浸透圧に関係する．したがって開閉特性の時間変化が，こうした物理量と最初に関係づけられても不思議ではない．図 6.12(a) の濃度依存性を，粘性依存，浸透圧依存として再プロットしたのが図 6.12(b),(c) である．だが結果はむしろ図 6.12(a) の単純なプロットより，各曲線が散在することになり，こうした解釈は疑わしくなった．ここで，平衡論だけでなく，速度論に関する根本にたち返り，問題を整理し，その後にチャネル開閉の実験結果を再解釈しよう．再び変性現象をモデルにとる．

変性速度の調節と移相エネルギー表現

速度論の特徴は反応中間体 (I, 遷移状態) という反応の過渡的状態を仮定するところにある．遷移状態を置くことで，平衡論と同じ理論的扱いができるのである．すなわち反応中間体のとる自由エネルギーレベルと，各平衡状態 N, D のエネルギーレベルとの差を考え，それらを反応定数，平衡定数と結びつければよい．

$$N \longrightarrow D \text{ の反応速度} \quad k_+ = \exp\left(-\frac{\Delta G_+^{\neq}}{RT}\right) \quad (6.26)$$

$$D \longrightarrow N \text{ の反応速度} \quad k_- = \exp\left(-\frac{\Delta G_-^{\neq}}{RT}\right) \quad (6.27)$$

$$\frac{[\mathrm{N}]}{[\mathrm{D}]}=K^{\mathrm{ND}}=\frac{k_-}{k_+}=\exp\left(-\frac{\Delta G_-^{\neq}-\Delta G_+^{\neq}}{RT}\right)$$

$$=\exp\left(-\frac{\Delta G^{\mathrm{ND}}}{RT}\right)=\exp\left(\frac{\Delta G^{\mathrm{DN}}}{RT}\right) \tag{6.28}$$

上式のなかに出てくる熱力学的記号（$\Delta D^{\neq}$など）については図6.13(a)を参考にすればわかると思う．また式(6.28)から平衡定数（K^{ND}）と速度

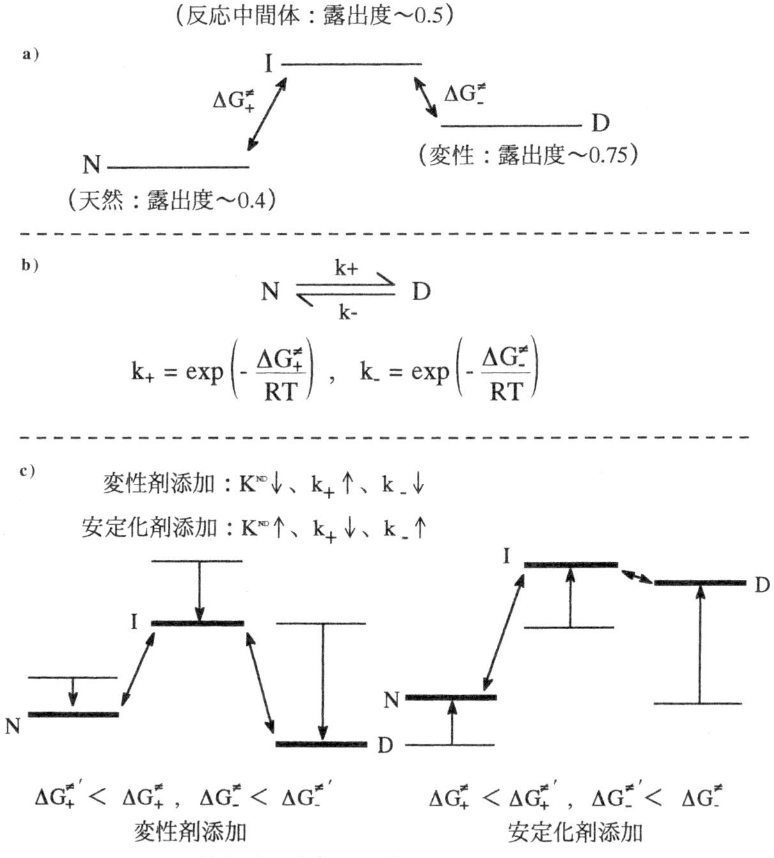

図6.13 反応中間体を考慮した変性の速度論
(a) 反応中間体Iと平衡状態N, Dの標準自由エネルギーダイヤグラム　(b) 反応の速度定数と標準自由エネルギーとの関係　(c) 露出度 α の差が与える添加剤の効果の差と，その結果としての速度定数の変化

定数 (k_+, k_-) がどう結びつくか，平衡の自由エネルギー (ΔG^{ND}) と遷移の自由エネルギー ($\Delta G_+^{\neq}, \Delta G_-^{\neq}$) がどう結びつくかを理解してほしい．

ここで遷移中間体のタンパク質構造について考える．構造のなかで最重要なのはペプチド結合と疎水基の露出度（水との接触面積の割合）である．遷移状態の場合この値が，天然 (N) の 0.4 と変性 (D) の 0.75 の中間 0.5 にくると仮定しよう．壊れる途中だから，両端の中間の値は悪くない仮定である．こうすると変性剤添加や安定化剤添加に伴い，自由エネルギーがどう変わるかが予想できる．自由エネルギー変化は，移相エネルギーそのものであり，その大きさは露出度と直接関係していたので，式 (5.40) と同じように次式で与えられる．

$$\Delta G_{tr} = \alpha(N_ペ \Delta g_ペ + N_疎 \Delta g_疎) \tag{6.29}$$

三つの状態，D, N, I に対応し，平均露出度 α は，0.4, 0.75, 0.5 のように変わる．5章4.2の会合で扱ったようにペプチド結合，疎水基の残基あたりの移相エネルギーを $\Delta g_ペ, \Delta g_疎$ とし，それぞれの残基数を $N_ペ, N_疎$ とした．この式から変性剤添加 ($\Delta g_ペ, \Delta g_疎 < 0$) の場合と，安定化剤添加 ($\Delta g_ペ, \Delta g_疎 > 0$) のときに，それぞれの自由エネルギーレベルがどう変わるかが予測される．結果を図 6.13(c) に示した．たとえば変性剤添加の場合，

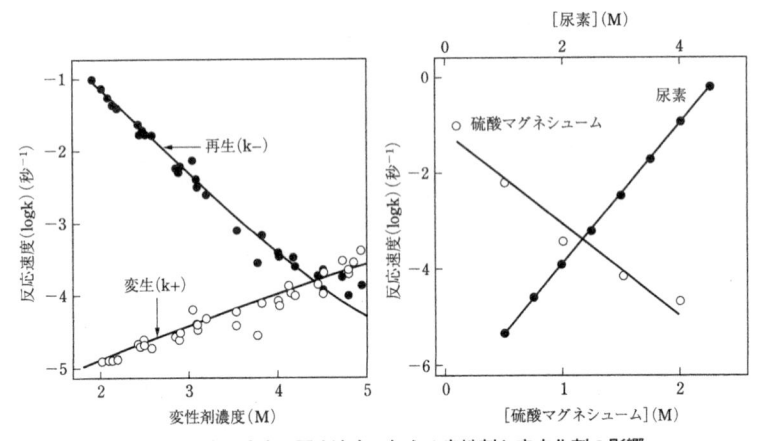

図 6.14 変性速度と再生速度に与える変性剤と安定化剤の影響

(a) リゾチームの変性，再生速度の変性剤濃度依存性 (b) ミオグロビンの変性速度の変性剤（尿素）および安定化剤（硫酸マグネシウム）濃度の依存性

天然状態から変性状態への転移速度（変性速度）は速くなり，逆反応の再生速度は遅くなる．

この予測がどの程度正しいか，実験結果を図6.14(a)に示した．予測どおり変性剤により，変性速度が速くなり，再生速度は逆に遅くなった．しかも変性剤濃度に対し，直線的に変化するので，安定的な二状態と1個の遷移状態の仮定が正しいことを示している．図6.14(b)は変性速度に対し，変性剤（尿素）と安定化剤（硫酸マグネシウム）の影響を調べた結果で，両者は逆の働きをし，安定化剤ではたしかに変性速度が濃度とともに減少するのがわかる．

チャネル開閉特性時間変化の熱力学的解釈

チャネル開閉に反応中間体を仮定し，前節に示した反応速度論的考察を加えよう．久木田の実験の最大のメッセージは，安定化剤を加えると，開時間（閉→開）が遅くなることであった．閉状態を天然状態に開状態を変性状態に対応させると，これは変性に見られる傾向とまったく同じである．この意味するところは当然，反応中間体の露出度が開状態より大きいということである．この予言が正しければ，イカの巨大神経の電気生理の実験で変性剤を加えれば，開時間 t_p は速くなると予想される．ただし変性剤を加えすぎると神経が壊れるので，高い変性剤濃度の実験は困難であろう．しかし，ここで提案する特性時間変化のメカニズムが，図6.12(b),(c)に提案されている粘性や浸透圧で説明困難であることは明らかだろう．なぜなら変性剤添加は一般に粘性，浸透圧ともに上昇させるので，両者の解釈が正しければ，開時間 t_p は遅くなるべきだからである．変性という困難な問題を含むため慎重な実験が現在も進められている．いずれにせよ変性剤添加の実験のような，モデル選択を決定する実験は，decisive experiment（決定的実験）と呼ばれる．

ここで，チャネル開閉と変性の違いについて言及しよう．t_p 時間の変化は，k_+ の変化のみを問題にしている．逆に開から閉への状態変化の特性時間 k_- は，安定化剤添加でどうなるか．この実験は解析が困難であったが，開→閉の特性時間は遅くなった．これは変性と異なり，チャネルの開閉の遷移中間状態は，その露出度が開状態，閉状態の両者に比べ大きい

図 6.15 安定化剤添加に伴う各状態の標準自由エネルギー変化と露出度予測

ことを意味している．以上を自由エネルギーダイヤグラムにまとめたのが図 6.15 である．

最後に，中間体と開状態でどの程度の露出度の差があるのかを，定量的に見積もってみよう．久木田の実験から 2 M のソルビトール（イノシトールの直鎖異性体）中で t_p が 3.6 倍大きくなった．その変化は以下の式を用いれば直接移相エネルギー $\delta\Delta G_+^\ddagger$ と結びつく．

$$\frac{(t_p)_{\text{sorbitol}}}{(t_p)_{\text{standard}}} = \exp\left(\frac{\delta\Delta G_+^\ddagger}{kT}\right) = 3.6 \tag{6.30}$$

$T = 10°C$ とすれば，上式を解いて

$$\delta\Delta G_+^\ddagger \cong 3\,\text{kJ/mol} \tag{6.31}$$

となる．ところで表 5.7 より 2 M ソルビトール（10% イノシトールとほぼ同じ）の疎水性アミノ酸 1 個あたりの移相エネルギー $\Delta g_\text{疎}$ は約 200 J/mol であることがわかる．したがって以下の式を用いた解釈が可能である．

$$\frac{\delta\Delta G_+^\ddagger}{\Delta g_\text{疎}} \cong 15 \tag{6.32}$$

すなわちチャネル開閉の中間状態は，疎水性アミノ酸 15 個分の露出度の上昇を伴う構造変化である．

これが電気生理学の物理化学的実験から得られた，チャネル開閉分子機構の熱力学的解釈である．この方法は，分子的機構について，分光学や形態学を用いずに，構造変化を予言できる特長をもっている．解析結果から得られた，中間状態における 15 個分のアミノ酸の新たな露出は，もちろん将来の宿題として，構造生物学で証明されなければならない．

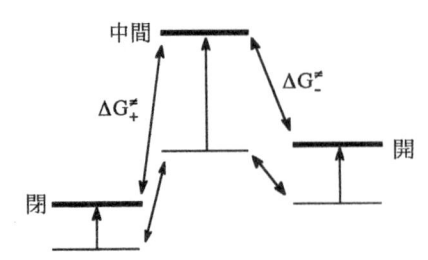

コラム⑨ 重い水——水の話 IV

　核磁気共鳴 NMR (nuclear magnetic resonance) を主要な道具としてきた研究人生の前半，私はずっと重水のお世話になってきた．タンパク質や核酸などの構造研究は，水素原子の NMR を用いてなされることが多い．だからこれらの物質の水溶液の NMR 測定は，何千倍，何万倍も存在する背景の水が問題となる．水（H_2O）の水素原子（H）が測定の邪魔をするからである．そのため使う水はすべて重い水，重水（D_2O．分子量が18から20に変わり，重さが10％大きくなる）に置換される．重水素の NMR の共鳴周波数は水素の 1/6 ほどで，まったく観測にかからないからである．背景を完全になくすには，高純度（たとえば 99.99％ など）の D_2O 溶媒を使うほどよい．この高純度重水はカナダ，フランスが主産地で，原子力産業の主要産物である．自然の水のなかに 1 万分の 3 しか含まれていない重水を 99.99％ に濃縮するのは並大抵の苦労ではなく，この水は地上のどの高級ウイスキーより高い．1 cc で約 500 円，コップ一杯飲むのに軽く 5, 6 万円は取られることになる．
　ではあなたは飲んだことがあるのかと問われれば，実は実験の合間に，茶サジ一杯ぐらいなめたことがある．どんな味か．もちろん水の味である．ただし少し甘みを感じた．重水は原子炉の中性子減速材として利用されているくらいだから，毒性があるのではと疑問に思う人もいるだろう．毎日 1 リットル，10 日間飲むと死ぬかもしれないという程度に毒である．
　次に重水の生理作用について考えよう．
　ポリペプチドやタンパク質の変性を研究しはじめた大学院時代から，NMR での変性温度と，CD 等の分光法で得た変性温度が一致しないのが気になっていた．2, 3 度のずれなので，自分自身の実験の腕を疑っていたが，いつも NMR の変性温度が高いのが気になった．当時は NMR で使う重水溶液と，分光法で使う軽水溶液の pH の差がその原因だと一応は納得していたが，3, 4 年前，重水が一般にタンパク質を安定化させる能力のあることに思いあたった．文献を調べると，たとえばリボヌク

レアーゼは99%重水中で4℃変性温度が高まるとあった.
　タンパク質の環境による安定化機構がわかってしまえば,この現象の理屈を考え出すことはたやすい.重水は軽水に比べ,疎水性相互作用を強める働きのあることがその原因である.事実,アミノ酸の移相エネルギーは疎水性アミノ酸に対しては正である.だからちょうどグルコースやイノシトールのように,タンパク質を安定化させる.
　一度この原理が見えると,重水の示すいろいろな生理作用を統一的に説明することができる.以下二,三の例を紹介しよう.
① 細胞分裂の停止作用
　　タンパク質安定化剤は,本文に述べたように,タンパク質の結合促進作用をもつ(ともに水との接触面積を減らす方向へのドライブ).したがって,重水中では微小管の脱重合が阻止され,細胞分裂が困難となる.
② 筋肉の収縮調節機構阻害
　　タンパク質の構造変化が関与する生理調節機構において,構造変化のバランスが重水で変わる.重水は水との接触面積が小さい構造を選択する.おそらくCa^{2+}結合やチャネルが影響を受けるものと考えられる.
③ 腫瘍成長の抑制,不妊率の増加,神経管成長抑制
　　すべて細胞分裂阻害との関連で説明可能であろう.
　たぶん重水はチャネル一般について,開閉の速度をも変える.種々の安定化剤を用いた実験と同じように(6章2節参照),重水中では,開時間,閉時間ともに遅くなる方向へと変化するだろう.この予言を確かめる意欲ある研究者が現れてほしい.ただし予言どおりになったとしても,夢々「重い水じゃからのう,チャネル開けるのもしんどかろう」などと納得しないでいただきたい.

3 酵素作用の移相エネルギー表現

　酵素はタンパク質のもっとも主要なクラスであり,その働きは触媒作用である.その触媒作用は高能率でかつ「特異性」が高い.ある決まった化

学構造にしか作用しないという「基質特異性」と,決まった反応しか触媒しないという「反応特異性」をもつ.両者ともにタンパク質の特異的立体構造がその源である.数多くのATP分解酵素やリン酸化酵素が知られているが,それらはこうした基質特異性により,固有の名前がつけられている.生化学の基本は酵素作用であり,長い研究の歴史をもつ.この酵素作用を移相エネルギーの観点から眺め直してみたい.

3.1 酵素反応の自由エネルギー表現

触媒である酵素の働きは,他の物質(基質)の反応の介添で,反応の平衡を変えずに,ただ反応速度を速める役割をする.以下,反応の記述を反応速度論で行う.速度論の利点は一方的に進む反応や定常状態などの非平衡状態を記述できることである.反応式は次のように書かれる.

$$E+S \xrightarrow{k_0^{ap}} E+P \quad (6.33)$$

酵素Eは反応によって消費も生成もされず,濃度は一定である.反応式からただちに次の速度式が導かれる.

$$v=\frac{d[P]}{dt}=-\frac{d[S]}{dt}=k_0^{ap}[E][S] \quad (6.34)$$

式(6.34)は一見,反応速度が基質濃度[S]に比例しているように見えるが,k_0^{ap}は見かけの速度で,Sの濃度に依存するのでそうはならない.実際は基質[S]を増していくと速度は飽和値に近づく.

SがEより過剰のとき,反応速度はある定常の値に達するが,その反応速度をその濃度[S]の速度vと考える.すると[S]とvの関係は,$v=0$から立ち上がる飽和型曲線となる(図6.7(a)と同じ$\frac{x}{1+x}$の関数型).飽和時の速度を$v_{max}=V$とすると,定常速度vはSに対し以下のように書ける.

$$v=V\frac{[S]}{\alpha+[S]}, \quad \alpha, V は定数 \quad (6.35)$$

式(6.34)を見るとvはまた,酵素濃度[E]にも比例するので結局

$$v = \frac{\beta[\mathrm{E}][\mathrm{S}]}{\alpha + [\mathrm{S}]} \qquad (6.36)$$

となる．

この実験結果を満たす反応機構が，いわゆる Michaelis-Menten 反応で式(6.37)のように表現され，酵素反応の基本となった．

$$\mathrm{E} + \mathrm{S} \xrightleftharpoons{K_\mathrm{a}} \mathrm{ES} \xrightarrow{k_0} \mathrm{E} + \mathrm{P}, \qquad K_\mathrm{a} = \frac{[\mathrm{ES}]}{[\mathrm{E}][\mathrm{S}]} \qquad (6.37)$$

ES 複合体形成が，E+P の生成反応より充分速い（迅速平衡の仮定）として上式を解くと（生化学の教科書では通常，解離定数≡Michaelis-Menten 定数，$K_\mathrm{m} = K_\mathrm{a}^{-1} = \frac{[\mathrm{E}][\mathrm{S}]}{[\mathrm{ES}]}$ を用いていることに注意）

$$\left. \begin{array}{c} [\mathrm{E}] = \dfrac{[\mathrm{E}]_0}{1 + K_\mathrm{a}[\mathrm{S}]}, \qquad [\mathrm{ES}] = \dfrac{K_\mathrm{a}[\mathrm{E}]_0[\mathrm{S}]}{1 + K_\mathrm{a}[\mathrm{S}]} \\ v = k_0[\mathrm{ES}] = k_0 K_\mathrm{a}[\mathrm{E}][\mathrm{S}] = \dfrac{k_0 K_\mathrm{a}[\mathrm{E}]_0}{1 + K_\mathrm{a}[\mathrm{S}]}[\mathrm{S}] \end{array} \right\} \qquad (6.38)$$

となる．$[\mathrm{E}]_0$ は E と ES の両者の濃度の和（全濃度）．$[\mathrm{S}]$ はフリーな状態の基質濃度．式(6.36)と(6.38)を比較すると $\alpha = K_\mathrm{a}^{-1}$, $\beta = k_0$ とおけば両者はたしかに同じ型式となる．一般に $[\mathrm{S}] \gg [\mathrm{E}]$ なので $[\mathrm{S}]$ は仕込みの基質濃度と同じとしてよい．

ここで図6.16に示す酵素反応において，反応式の自由エネルギー表現を行おう．反応速度論はチャネルの項2.3で述べたように，反応中間体 ($\mathrm{ES}^\neq$) を置くことで平衡論とつながる．すると，標準自由エネルギーのダイヤグラムは図6.16(b)のようになる．ただし比較のために，酵素がない場合のS→P生成（非酵素反応）も加えた．ES から E+P へ行く間に，反応中間体 $\mathrm{ES}^\neq$ を通る．そこへ到達するのに必要な自由エネルギー $\Delta G^\neq$ ($\mathrm{ES}^\neq$) が反応律速（速度定数 k_0）を与える．非酵素反応の場合は $\mathrm{E} + \mathrm{S}^\neq$ をつくるところが律速（速度定数 k_0'）である．両者に絶対反応速度論を適用すると，

$$\text{非酵素反応} \quad k_0' = \frac{kT}{h} \exp\left(-\frac{\Delta G^\neq(S^\neq)}{kT} \right) \qquad (6.39)$$

3 酵素作用の移相エネルギー表現 — 163

a)

$$E + S \underset{K_a(S)}{\rightleftharpoons} ES \xrightarrow{k_0} ES^{\neq} \longrightarrow E + P$$

with $E + S^{\neq}$ above, k_0' from $E+S$ to $E+S^{\neq}$, $K_a(S^{\neq})$ between $ES^{\neq}$ and $E+S^{\neq}$,

$$K_a(S) = \exp\left(-\frac{\Delta G(ES)}{RT}\right)$$

$$K_a(S^{\neq}) = \exp\left(-\frac{\Delta G(ES^{\neq})}{RT}\right)$$

b)

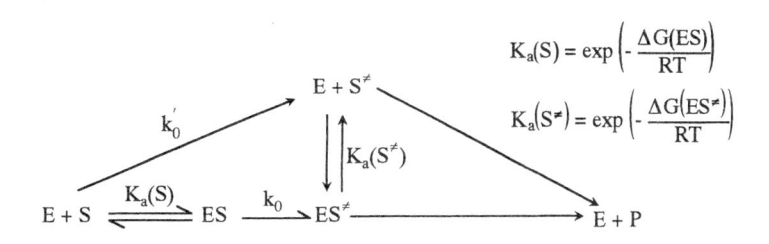

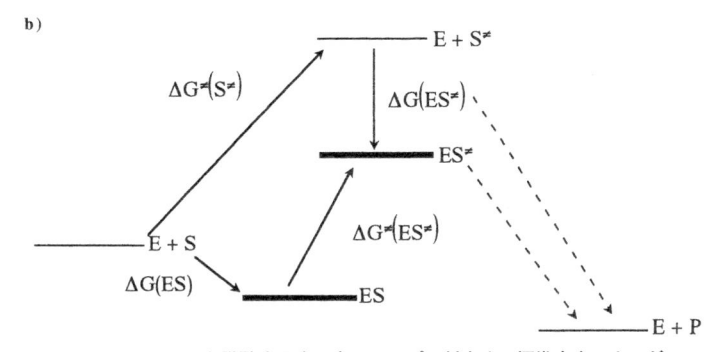

図 6.16 二段階酵素反応の各ステップと対応する標準自由エネルギー

$$\frac{d[P]}{dt} = k_0'[S] \tag{6.40}$$

酵素反応 $\quad k_0 = \dfrac{kT}{h} \exp\left(-\dfrac{\Delta G^{\neq}(ES^{\neq})}{kT}\right) \tag{6.41}$

$$\frac{d[P]}{dt} = v = k_0[ES] = k_0 \frac{[ES]}{[S]}[S] = k_0 K_a[E][S] \tag{6.42}$$

非酵素反応の速度定数 k_0' (式(6.39)) が，酵素反応では $k_0[ES]/[S]$ (式(6.42)) に対応することになる．酵素反応の効率が非酵素反応に比べ高くなるためには，$k_0[ES]/[S] > k_0'$ が成り立つ必要がある．基質 S が大過剰のとき $[ES]/[S] \ll 1$ なので，結局次式が要求される．

$$k_0 \gg k_0' \tag{6.43}$$

式(6.39)と(6.41)を上式に入れると以下の関係が得られる．

$$\Delta G^{\neq}(S^{\neq}) > \Delta G^{\neq}(ES^{\neq}) > 0 \tag{6.44}$$

ところで図6.16(b)の4つの状態, $E+S, ES, E+S^{\neq}, ES^{\neq}$ に熱力学的サイクルを適用すると

$$\Delta G^{\neq}(S^{\neq})-\Delta G^{\neq}(ES^{\neq})=\Delta G(ES^{\neq})-\Delta G(ES) \tag{6.45}$$

となるので, 式(6.44)は

$$\Delta G(ES^{\neq})>\Delta G(ES)>0 \tag{6.46}$$

と等価である (ΔG の符号は矢印の向きに正). では式(6.46)の意味するところは何であろうか.

それは E と $S^{\neq}$ の結合エネルギーが E と S のそれより大きいことを主張している. すなわち酵素の基質遷移状態 ($S^{\neq}$) への結合が基質基底状態 (S) への結合より強いことを意味する. さらに S と $S^{\neq}$ の構造は当然異なるので, 結合エネルギーの差は, 酵素自体の構造が $S^{\neq}$ の構造にフィットし, したがって強く結合することを意味する. このとき, $ES^{\neq}$ の酵素 E の構造は, ES また $E+S$ の構造とは異なる場合があるかもしれない. こうした構造変化は後で見るようにATP共役反応では重要になる.

非酵素反応は自然に起こる反応なので, P の自由エネルギーは S より低い. しかし反応中間体の $S^{\neq}$ は P, S の両者より高い自由エネルギーをもつ. そのため P の生成する速さが遅い. 酵素はこの $S^{\neq}$ の自由エネルギーを, 複合体をつくることにより, 図6.16(b)に見るように $\Delta G(ES^{\neq})$ だけ分下げるのである. ただし, その下げ幅はES複合体の自由エネルギーの利得 $\Delta G(ES)$ より充分大きいものでなければならない (式(6.46)からの要請).

酵素の最大効率は, P と S の自由エネルギー差を ΔG^{PS} とすると, $\Delta G(ES)=\Delta G^{PS}, \Delta G^{\neq}(ES^{\neq})=0$ のときに得られると考えられる. このとき $\Delta G(ES^{\neq})=\Delta G^{\neq}(S^{\neq})+\Delta G^{PS}$ となり, $ES^{\neq}$ は強固な結合中間体となる. 抗体工学という抗体を利用した人工酵素作成技術が知られている. リボザイムと称する抗体酵素は, 反応中間体 $S^{\neq}$ に, 強固に結合する抗体である. $S^{\neq}$ に近い構造を予測し, その化合物をウサギに注射し, 抗体をつくったところ, 抗体が $S \to P$ の反応を促進する酵素に変貌した. この事実は今までの議論の正しさを実証していると思われる.

3.2 移相エネルギー的に見た酵素反応調節

S→P生成酵素反応液に,さらに第三の化合物を加えると酵素作用がどう変わるかを考えよう.酵素作用の調節は,生化学反応(代謝,情報伝達,運動など)の中心的課題であるが,6章の主題である移相エネルギーを用いて,見通しよくかつ統一的に論ずることができる.

酵素に関しては,その作用を阻害する阻害剤(inhibitor)と,作用を促進する活性剤(activator)が知られている.多くの酵素の阻害剤(protein inhibitor)は,それ自身がタンパク質であり,生化学調節の重要な役割を担っている.これらの薬剤の定量的効果は,前節で示したいくつかの例と同じように,生理作用の移相エネルギー表現の非常に明解な適用対象である.阻害効果は拮抗型,非拮抗型,混合型,不拮抗型といろいろ分類されてきたが,こうした区別は,移相エネルギーを用いると,より定量的にとらえることができる.

酵素作用調節を知るには,図6.16(b)に示した,酵素作用の標準自由エネルギーダイヤグラムが,添加物によりどう変わるかを見ればよい.具体的にいえば,添加物質とE, ES, ES$^{\neq}$という酵素種との相互作用を,移相エネルギーで表現し,各々の標準自由エネルギーに加えればよいのである.たとえば添加物をXとし,そのXと酵素種の会合の平衡定数をK^E, K^{ES}, $K^{ES^{\neq}}$とする.

$$K^E = \frac{[EX]}{[X][E]}, \quad K^{ES} = \frac{[ESX]}{[X][ES]}, \quad K^{ES^{\neq}} = \frac{[ES^{\neq}X]}{[X][ES^{\neq}]} \quad (6.47)$$

すると,加算されるべき移相エネルギーは式(6.1)と同じように次のかたちになる.

$$\Delta G_{tr}^A = -RT \log_e(1 + K^A[X])$$
$$A = E, ES, ES^{\neq} \quad (6.48)$$

すると自由エネルギー差は以下のように変わる.

$$\Delta G(ES) \longrightarrow \Delta G(ES) + \Delta G_{tr}^{ES} - \Delta G_{tr}^E \quad (6.49)$$

$$\Delta G^{\neq}(ES^{\neq}) \longrightarrow \Delta G^{\neq}(ES^{\neq}) + \Delta G_{tr}^{ES^{\neq}} - \Delta G_{tr}^{ES} \quad (6.50)$$

上記に示した各種移相エネルギーの大きさは,平衡定数,K^E, K^{ES}, $K^{ES^{\neq}}$の大小により決まる.この移相エネルギーにより図6.16(b)の標準自由エ

表 6.1 平衡定数と酵素作用調節

	平衡定数の条件	調節様式
阻害剤	$K^E>0, K^{ES}=0, K^{ES^*}=0$	K_a が小さくなる（拮抗型）
	$K^E=K^{ES}>0, K^{ES^*}=0$	k_0 が小さくなる（非拮抗型）
	$K^E>K^{ES}>0, K^{ES^*}=0$	K_a, k_0 の両方が小さくなる（混合型）
	$K^E=0, K^{ES}>0, K^{ES^*}=0$	K_a が大きくなり，k_0 が小さくなる（不拮抗型）
活性剤	$K^E=K^{ES}, K^{ES^*}>0$	k_0 が大きくなる活性型
	$K^{ES}>K^E, K^{ES}=K^{ES^*}>0$	K_a が大きくなる活性型
	$K^{ES}>K^E, K^{ES^*}>0$	K_a, k_0 の両方が大きくなる混合活性型
	$K^{ES}>K^E, K^{ES^*}=0$	K_a が小さくなり，k_0 が大きくなる不活性型

ネルギーダイヤグラムが変わる．こうして添加物 X は酵素作用の二つのパラメータ $K_a\equiv 1/K_m$ と k_0 を変える．

$$K_a=\exp\left(-\frac{\Delta G(\mathrm{ES})}{RT}\right)$$
$$\longrightarrow K_a=\exp\left(-\frac{\Delta G(\mathrm{ES})+\Delta G_{tr}^{ES}-\Delta G_{tr}^{E}}{RT}\right) \quad (6.51)$$

$$k_0=\exp\left(-\frac{\Delta G^{\neq}(\mathrm{ES}^{\neq})}{RT}\right)$$
$$\longrightarrow k_0=\exp\left(-\frac{\Delta G^{\neq}(\mathrm{ES}^{\neq})+\Delta G_{tr}^{ES^*}-\Delta G_{tr}^{ES}}{RT}\right) \quad (6.52)$$

3種の平衡定数を用いると，酵素作用の変化を表6.1のようにまとめることができる．これは，移相エネルギー式(6.48)と，自由エネルギー変化(6.49), (6.50)の比較からただちに求まるもので，きわめて直感的である．

今までの議論を踏まえ，タンパク質変性剤と安定化剤の酵素作用への効果について定量的に論じよう．この二つの溶媒効果の場合，E+S と ES の溶媒露出面積の差から考え，前者が変性状態（解離状態）に，後者が天然状態（会合状態）に，対応するのが推測される．なぜなら基質Sが結合すると全体として，水との接触部分が減るからである．すると，変性剤下ではE+Sの自由エネルギーがより下るため，$\Delta G(\mathrm{ES})$ は減少し，酵素作用の K_a は減少する．すなわち，酵素作用が弱まると期待される．

一方安定化剤を加えると解離状態 E+S の自由エネルギーがより大きくなるため，$\Delta G(\mathrm{ES})$ は上昇し，K_a が上昇し，酵素作用は強くなる．反応速度 k_0 については，ES と ES$^{\neq}$ の露出面積にほとんど差がないので，添

表 6.2 尿素のグルコアミラーゼ活性（マルトース分解）に与える影響（$T=5°C$）

尿　　素	0	2.7 M	5.4 M
$K_a(\mathrm{M}^{-1})$	11×10^2	5×10^2	2×10^2
$k_0(\mathrm{s}^{-1})$	1.8	1.5	1.3
$k_0 K_a(\mathrm{M}^{-1}\cdot\mathrm{s}^{-1})$	20×10^2	7.5×10^2	2.6×10^2

加剤による差も小さいだろう．ただし，変性剤を加えたとき，k_0 が減少するなら，それは $ES^{\neq}$ の露出度が ES より小さいことを意味する．$ES^{\neq}$ 複合体は，より強固な結合なので，水との接触面積が減るだろう．したがって変性剤による k_0 の上昇がわずかながら期待される．

グルコースやマルトースの分解酵素であるグルコアミラーゼの，変性剤添加による酵素作用の変化を表 6.2 に示した．

予想どおり，$K_a(\equiv K_m^{-1})$ は尿素という変性剤により減少した．この結果から 5.4 M 尿素において $\Delta G_{tr}^{ES}-\Delta G_{tr}^{E}$ の大きさが約 4 kJ/mol と見積もられる．5.4 M 尿素中の，疎水性側鎖アミノ酸の平均移相エネルギー，約 1.2 kJ/mol を用いると，ES の露出度は，アミノ酸 3.5 個分だけ E より減ったことが推測される．また，k_0 のわずかながらの減少は，$ES^{\neq}$ の露出度が ES より小さい，という先の推測を裏付けるものである．

筋肉タンパク質のミオシンの ATP 分解作用について，砂糖（安定化剤）の影響が測定されている（浅井博氏私信）．高分子ミオシン鎖の場合，砂糖濃度が上がると，K_a は予想どおり上昇した．単量体のミオシンは，はじめ上昇するが，ある濃度から下降した．これは砂糖が高濃度で単量体ミオシンの構造変化（たぶん高分子会合を伴う）を与えるためだろう．いずれにせよ，安定化剤の添加は，変性剤の傾向と逆方向の効果を示すことが見出されたことになる．

3.3 ATP 共役酵素反応とアロステリズム

二つの異なる酵素作用を考えよう．ただし，ここでは議論の中心にこない反応中間体は考えないこととする．そして両方が同じ水溶液に混合しているとする．

$$E_A + A \xrightleftharpoons{K_A} E_A A \longrightarrow E_A + B \qquad (6.53)$$

$$E_X + X \xrightleftharpoons{K_X} E_X X \longrightarrow E_X + Y \qquad (6.54)$$

この二つの反応は，もし(E_A, A)，(E_X, X)の間に少しでも相互作用が生じれば，前節に述べたように，それぞれの酵素反応が影響を受ける．もしE_AとE_Xの間に相互作用がなく，E_AとX，E_XとAの間にのみ相互作用があるなら，それは前節の議論の枠組で扱える．しかしE_AとE_Xの間に相互作用があるなら，新しい事態が生まれる．次の4つの平衡定数の大小で，酵素作用変化のさまざまなケースが生まれるだろう．

$$K_{共}^{C_E} = \frac{[E_A E_X]}{[E_A][E_X]}, \qquad K_{共}^{C_A} = \frac{[E_A A E_X]}{[E_A A][E_X]}$$

$$K_{共}^{C_X} = \frac{[E_A E_X X]}{[E_A][E_X X]}, \qquad K_{共}^{C_A C_X} = \frac{[E_A A E_X X]}{[E_A A][E_X X]} \qquad (6.55)$$

たとえば，$K_{共}^{C_E} > K_{共}^{C_A}, K_{共}^{C_E} < K_{共}^{C_X}$なら，$E_X$はA→B反応には阻害的，$E_A$はX→Y反応には活性的に働く．問題は$K_{共}^{C_A C_X}$という平衡定数の存在である．この定数が，他のものより相対的に小さいときには，特別なことは起こらない．しかし相対的に大きいとき，すなわち$E_A A E_X X$という複合体の形成がとくに有利なとき，A→BとX→Yの生成反応は，複合酵素$E_A E_X$を通じて共役する．共役するとは，お互いの存在が両者の生成に有利に働くことを指す．4つの平衡定数の大小により，共役反応は表6.3のように分類されよう．

ある特別な化合物が，正の共役反応の相手にいつも選ばれれば，その物

表6.3 酵素間相互作用と共役酵素反応の形式

平衡定数の条件	共役形式
$K_{共}^{C_A C_X} > K_{共}^{C_E}$	正の共役反応（お互いが活性剤）
$K_{共}^{C_A C_X} < K_{共}^{C_E}$	負の共役反応（お互いが阻害剤）
$K_{共}^{C_A}, K_{共}^{C_X} > K_{共}^{C_E} \sim K_{共}^{C_A C_X}$	共役なしの相互活性化
$K_{共}^{C_E} > K_{共}^{C_A}, K_{共}^{C_X} \sim K_{共}^{C_A C_X}$	共役なしの相互不活性化
$K_{共}^{C_E} > K_{共}^{C_A}, K_{共}^{C_X} > K_{共}^{C_E}$	E_Aは阻害剤，E_Xは活性剤
$K_{共}^{C_E} > K_{共}^{C_X}, K_{共}^{C_A} > K_{共}^{C_E}$	E_Aは活性剤，E_Xは阻害剤

質は生体のなかで特別な位置を占めるに違いない．実際こうして選ばれた化合物が，三リン酸化核酸（NTP）なのであろう．NTP（ATPまたはGTP）→ NDP（ADPまたはGDP）+Piの反応が，$E_{NTP}E_X$という複合酵素においてNTP共役反応となる．このように考えると，NTP共役酵素は，一般に解離可能な複合体であってもよい．しかし，共役が有利な現象であるとわかると，恒常的複合体，すなわち，1個の酵素となって働くタンパク質が進化の過程でつくられ，それが一般的化する．以下ATP共役酵素を例に話を進めよう．

　ATP共役反応の特徴は，ATPの加水分解エネルギーを生体系の非平衡性の維持に使えることである．具体的には，S→P生成反応（式(6.53), (6.54)においてA→BをS→Pに，X→YをATP分解に対応させて考えると）において，SとPの濃度を平衡濃度からずらすように，ATP分解が使われる．この節の最初に，酵素はSとPの平衡を変えない，と述べたが，ATP共役酵素のような，（能動的な）酵素では，反応速度だけでなく，平衡をも変える．すなわち共役反応は平衡状態をずらす働きをもつ．

　これ以降の議論は局所平衡論，すなわち分子レベルの微視的議論と巨視的非平衡論，すなわち全系の濃度を考慮した熱力学的議論を併用して行うことにする．こうすることで，非平衡過程が，これまでの熱力学の延長で解析でき，さらに標準自由エネルギーと（部分モル）自由エネルギーの使いわけ（表5.2参照）が明確になる．

　共役反応は一般に図6.17(a)のように図示される．これを二つの異なる自由エネルギーで表現したのが図6.17(b), (c)である．ATPの分解のエネルギーが，熱力学的に見てどのようにPとSの間の平衡のシフトに使われるか，定量的に議論したい．

　図6.17(b)のエネルギーダイヤグラムは標準（生成）自由エネルギーを用いており，反応素過程を局所的または微視的に眺めている．それは，もし反応がADPとPの生成に進めば$|\Delta G^0_{ADP}|$が失われ，$|\Delta G^0_P|$が獲得されることを表している（式(6.56), (6.57)参照）．このとき$|\Delta G^0_{ADP} - \Delta G^0_P|$の熱が失われる．反応が逆に進めば$|\Delta G^0_P|$が失われ，$|\Delta G^0_{ADP}|$が獲得される

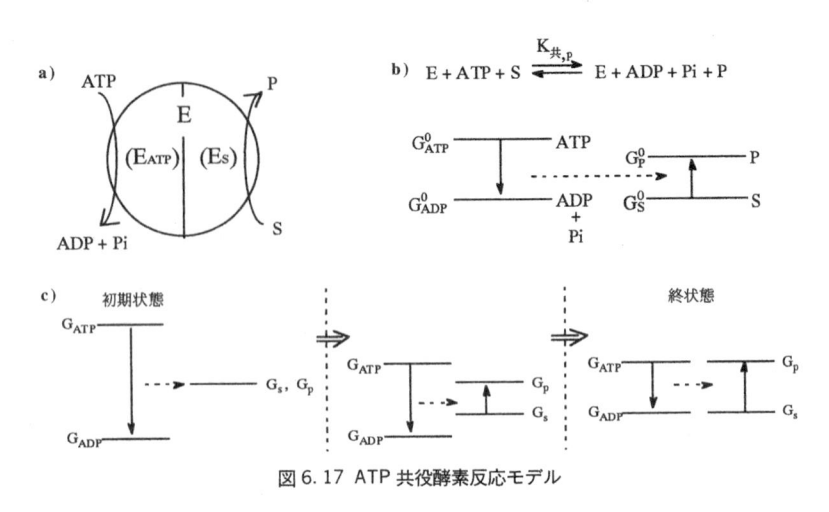

図6.17 ATP共役酵素反応モデル

こと，すなわち $|\Delta G^0_{ADP} - \Delta G^0_P|$ がまわりの熱浴から流れ込むことを意味する．平衡状態ではPの生成，消滅は同等に起こり，巨視的には何の変化も生まない．

図6.17(c)は反応の一方的進みを表し，非平衡過程における濃度を考慮した部分モル自由エネルギー表現である．

$$\Delta G_{ADP} = \Delta G^0_{ADP} + RT \log_e \frac{[ADP][P_i]}{[ATP]}$$

$$\Delta G^0_{ADP} = G^0_{ADP} - G^0_{ATP} \tag{6.56}$$

$$\Delta G_P = \Delta G^0_P + RT \log_e \frac{[P]}{[S]}, \quad \Delta G^0_P = G^0_P - G^0_S \tag{6.57}$$

ΔG^0_{ADP} は約 $-30\,\mathrm{kJ/mol}$ である．ATPとADPが平衡濃度にあるとき（$[ADP] \gg [ATP]$），$\Delta G_{ADP}=0$ である．$[ATP] \gg [ADP]$ になると，ΔG_{ATP} は大きな負の値をもち（表5.1参照），ATP共役の駆動力となる（図6.17(c)初期状態）．生体中で，ΔG_{ATP} は，約 $-57\,\mathrm{kJ/mol}$ という大きな値に保持されている．一般に，$\Delta G_P \cong 0$（平衡状態），$\Delta G_{ADP} > 0$（非平衡状態）がATP共役の出発点であり（初期状態），最終的に $\Delta G_P > 0$（非平衡状態）が実現する（終状態）．

生理機能の移相エネルギー表現では，[P]/[S]という質量作用比が問題

となった．ここではATP共役により，[P]/[S]がどう変化するかが問われる．2.2節で用いた移相エネルギー表現を用いれば，ATPの存在で[P]/[S]がどう変化したかは，非平衡式(6.9)と同じかたちをもった式(6.57)に図6.17(c)終状態のΔG_Pを代入すればよい．ATP共役のすぐれた点は化合物(S, P)と化合物(ATP, ADP)の間に直接の相互作用がなくても，このように，共役により質量作用比[P]/[S]が変わり得ることである．共役酵素Eが間接的に両者を結合し，結果的にSとPを非平衡へもっていく．言いかえればS→P生成を駆動する．

ここで共役反応の効率をエネルギー利用効率αと生成速度の二つの面から眺めてみよう．図6.17(b)を見ると$|\Delta G^0_{ADP}|>|\Delta G^0_P|$である．素過程がATP 1個の分解に対し，P 1個の生成に対応するとすれば，自由エネルギーの利用効率αは次式で表されよう．

$$\alpha = \left|\frac{\Delta G^0_P}{\Delta G^0_{ADP}}\right| \tag{6.58}$$

ここで効率を部分モル自由エネルギーの比，$\beta=|\Delta G_P/\Delta G_{ADP}|$で考えてはいけない．この量は図6.17(c)に見るように非平衡度に依存して変わる．初期状態では0で，もっとも効率が高いのは定常に達した終状態の1ということになってしまう．実際には式(6.58)に示すαの効率で微視的過程が進む．では部分モル自由エネルギー比βは何を意味するか．それはPの生成速度に関係している．βが小さいほど非平衡度が高く，Pを生み出す駆動エネルギーが大きいので，Pの生成速度は速くなる．エネルギーフローにのって（図6.17(c)がそれを如実に示している）Pがつくり出されるのでこれは当然である．さらにそれは捨てさられる熱の生成速度も速くなることを意味している．

今までの議論は，$|\Delta G^0_{ADP}|\geq|\Delta G^0_P|$が暗黙の前提だったが，次の二つのケースについて，吟味が必要となる．

ケースI　$|\Delta G^0_{ADP}|/|\Delta G^0_P|<1$（超共役，効率が1を越えてしまう）

ケースII　$|\Delta G^0_{ADP}|/|\Delta G^0_P|\gg 1$（多重共役，1個のATP分解で複数個のPが生成する）

図6.17(c)を見るかぎり，巨視的立場からは，$\Delta G_{ADP}>\Delta G_P$という条件

さえ満たせば，ケースI, IIの場合も排除しないようにみえる．では微視的立場で見た場合どうであろうか．

ケースIは，ATP分解エネルギー以上の反応エネルギーを，P生成が要求するため，素過程において自由エネルギーが下がらない．したがって反応は進行しないように思われる．だがこの常識は再吟味が必要である．定常的には熱力学第二法則に違反するので不可能だが，ゆらぎとしてはそのような過程があってもよい．この問題は質の低いエネルギーから質の高いエネルギーを生み出す問題と同等である．もちろんATP 2個でP 1個が生成すればケースIもあり得る．これは次のケースIIと深く関係する．

ケースIIの多重共役の場合は逆に，$|\Delta G^0_{ADP}|$が$|\Delta G^0_P|$より充分大きいため，ATP分解1個でP生成が2個以上起こると主張している．これは次節の筋肉の問題と関係するので，その可能性を詳しく考察したい．

ATP分解とP生成が1対1のとき，共役反応の平衡定数は次のように書けよう．

$$K_{共,P} = \frac{[ADP][P_i][P]}{[ATP][S]} = K_P \cdot K_{ADP} = \exp\left(-\frac{\Delta G^0_P + \Delta G^0_{ADP}}{RT}\right)$$

$$K_P = \frac{[P]}{[S]} = \exp\left(-\frac{\Delta G^0_P}{RT}\right), \quad K_{ATP} = \exp\left(-\frac{\Delta G^0_{ADP}}{RT}\right)$$

(6.59)

もしATP分解でPがn個生成するなら，平衡定数は以下となる．

$$K_{共,P} = \frac{[ADP][P_i]}{[ATP]}\left(\frac{[P]}{[S]}\right)^n = K_S^n \cdot K_{ADP} = \exp\left(-\frac{n\Delta G^0_P + \Delta G^0_{ADP}}{RT}\right)$$

(6.60)

このような数式に対応する物理過程が，本当にあるだろうか．たぶん不可能と思われる．しかしその理由はいくら自由エネルギーについて議論しても出てこない．その背後にある素過程，とくに反応中間体のタンパク質構造の考察が必要となる．

ATPの共役反応の中心である，ATPES複合体で何が起こっているかを考えよう．今までの考察から，共役の進行は以下の反応式で表されるだろう．

$$\text{ATPES} \longrightarrow \text{ADPE}^*\text{P} \longrightarrow \text{ADP}+\text{E}^*+\text{P} \qquad (6.61)$$

ここで表6.3を参考に,異なる酵素反応の共役の意味について再考したい.正の共役反応は $K_{共}^{C_A C_X}$ が大きいときに起こると述べた.この分子的意味は,安定な複合体ATPESが共役反応を駆動するためには,ADPとPの生成が酵素結合状態で同時に起こらなければならないことである.これが式(6.59)に示す二つの標準自由エネルギーの和の具体的意味だが,そのためにE→E*の変化は,ATPの結合部位における構造変化と,Sの結合部位における構造変化が,共時共役(同時に起こる)することを要請している.

これを結合エネルギーの言葉で説明すれば,次のようなことが起こっているのであろう.ATPEの結合からADPE*の結合に移るとき,本来下がるべき(ATP→ADPの)標準自由エネルギーを下げずに,酵素Eに構造的歪みを与える.この歪みはSの結合部位においてEPの結合を有利にするように働く.したがって本来Pの標準自由エネルギーが高いにもかかわらず,酵素に結合した状態ではPの生成が有利となる.これを分子構造的に見ると,ATP→ADP反応エネルギーがS→P反応の駆動エネルギーとして使われたことを意味する.二つの部位の構造変化の共時性は,また,共役する二つの化学反応が共有結合の生成,消滅にかかわる高度な構造の調整を必要とすることと無関係ではない.この点については次節の筋肉のところで,再び考察したい.いずれにせよこうしてATP共役酵素反応では,ATPと一対一のP生成のみが許されることになる.

素過程における1ステップの自由エネルギー変化を考えると,ATP共役P生成は,$\left|\frac{\Delta G^0_{\text{ADP}}}{\Delta G^0_{\text{P}}}\right| \sim 1$ のときエネルギー利用効率が高く,しかし低速,$\left|\frac{\Delta G^0_{\text{ADP}}}{\Delta G^0_{\text{P}}}\right| \ll 1$ のとき効率は低いが,高速になることが期待される.

コラム⑩ エントロピーと富の偏在

熱力学は巨視的な現象量(熱,圧力,濃度,体積)を扱う.そして,そのかぎりにおいて,とても簡単な学問である.事実,数式も初等数学の知識で理解できる.熱力学の初歩は小学校のときに習っている.水と

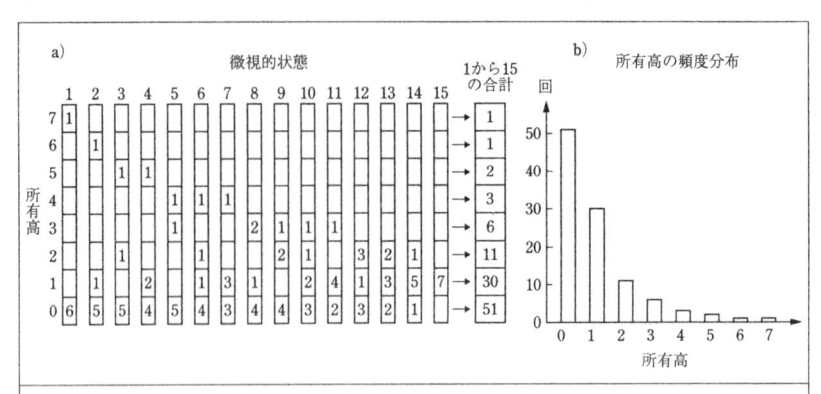

社会における富の分配を用いた場合の数と所得高分布

湯を混ぜたとき，または氷と水を混ぜたとき何度になるか，というあの問題である．日常感覚に近いこうした事柄は，私たちが体で感じているエネルギー保存則の表現であり，とてもわかりやすい．しかし，熱力学の第二法則の骨肉化であるエントロピーが出てくると，とたんにわからなくなる．

エントロピーは統計力学による分子レベルの考察が行われるまで，その本体は謎であった．ボルツマンらの努力でそれは有名な

$$S = k \log_e W \quad (W は熱力学的状態の場合の数) \quad (1)$$

という式にまとめあげられたが，この式のもつ含蓄は私にも30年近くわからなかった．この式が，どうしても熱力学で示されるエントロピーの式

$$\Delta S = \Delta Q / T \quad (\Delta Q は流入熱量) \quad (2)$$

と結びつかないのである．これはむしろ当然で，式(1)は k（ボルツマン定数）を無視すれば，熱力学にとどまらない統計エントロピーの一般的表現であり，熱力学エントロピーと直接関係しないのである．すなわち統計エントロピーは，多くの構成ユニットからできたシステムにおいて，細部にとらわれず全体の統計的性質を扱うとき，自然に出てくる量なのである．それは特定のある状態の起りやすさ（確率）を表現している．

式(1)を導いたところにボルツマンの見識があるが，逆に式(2)へのかけ橋が見えにくい．ここで人間社会のたとえで，両者の関係を説き明か

してみよう．

　ある社会を考えよう．人の数 (n) とお金の総量 (U) が一定のとき，どのようなお金の分配の仕方が考えられるか，というわかりやすい問題である．富の分配の問題である．熱力学の言葉でいえば，社会の人口が分子の総数，その社会のお金の総量が全エネルギー，1人あたりのお金の平均所有量が温度に対応する．まずお金には最小単位があること，すなわち，お金の所有高は整数で表されることを考慮すると，富の分配の問題は以下の問題と同じになる．

　所有高を最低の 0 円から，最高の U 円までと，$U+1$ 個の箱にわけ，この箱に特定の所有高 (U_i) をもつ人の数 (n_i) をはりつけるとき，どれだけの場合の数があるかという問題である．

$$n_0 + n_1 + n_2 + \cdots = n \quad (\text{人口一定}) \tag{3}$$

$$U_0 n_0 + U_1 n_1 + U_2 n_2 + \cdots = U \quad (\text{お金総量一定}) \tag{4}$$

上式を満たす一つの組 ($n_0, n_1, n_2, \cdots$) が一つの場合を表し，これが全部でいくつあるかが，式 (1) の W に対応する場合の数である．

　$n=7$ 人，$U=7$ 円という簡単な場合で見ると（平均所得 $=1$ 円），図(a)のグラフのように場合の数は $W=15$ となる．たとえば全員が平均値 1 円をもつ場合が微視的状態 15 に対応する．しかしその他にも富のすべて（7円）を独り占めする場合（微視的状態 1）とか，1人が3円，2人が2円，4人が0円の場合（微視的状態 8）とか，いろいろあり，こうした分布の仕方が 15 とおりあるわけである．社会のなかをお金が次々にめぐりめぐっていると，こうしたいろいろな分配の仕方すべてを同等にとると考えられる．ここでお金がみんなに平等にいきわたることを前提にしてはならない．ただお金のやりとりがひんぱんに行われているとき，はたして平等な富の分配が実現するのかと問いかけること，考えることが重要である．お金が活発にやりとりされることは，経済がもっとも活発な自由競争にあるといってよい．そのとき，こうした 15 とおりの微視的状態が，長い間では同じ確率で，すなわち平等に起こると仮定する（これは物理の等重率の原理に対応している）．

　図(a)のグラフをもう一度見ると，いろいろな分配の仕方はあるにせよ，所得 0 円の最貧困層の人の数がもっとも多いのに気づく．15 とおりす

べての組み合わせの統計を得るため，各所有高ごとに総計何人の人がいるかを数えよう．図(b)に示した微視的状態の占有確率がそれにあたる．所得0円が51人，1円が30人と上へいくに従い急激に減っていく．すなわち，一人一人の身になって考えると，富の分配がいろいろ変わっても，その人の所得が0円のときがもっとも可能性が高い．この1人あたりの所得の分布（1分子エネルギー分布）は，物理の世界でボルツマン分布と呼ばれているものと同じであり，指数関数的変化に特徴がある．これは統計法則であり，先の前提が正しいかぎり絶対的結論である．すなわち富は私たちの予想に反し，自由競争下では絶対に平等に分配されないのである．社会主義の長い歴史のなかでなぜこの本質を経済学者が見ぬけなかったのか疑問である．寄り道はここまでにし，次に最初の設問に移ろう．

ボルツマンがやったことは，式(3), (4)の制約のもとに，場合の数が次の式で与えられることを証明したことである．

$$W = aU^n \tag{5}$$

すなわち，場合の数は富 U を母数とし，人口をべき数として指数関数的に増えることになる．

これを用いて式(1)と式(2)の関係を明らかにしよう．まず U の変化に伴う場合の数の変化は

$$\Delta W = an\frac{U^n}{U}\Delta U = \frac{nW}{U}\Delta U = \frac{W}{T}\Delta U \tag{6}$$

となる．ここで平均所有高 U/n を T とした．式(6)は

$$\frac{\Delta W}{W} = \Delta(\log_e W) = \frac{\Delta U}{T} \tag{7}$$

と変形され，$H = \log_e W$ を定義すれば（これがエントロピーにあたる），

$$\Delta H = \frac{\Delta U}{T} \tag{8}$$

となる．この新しい量 ΔH は，その社会の富の総量 U の変化 ΔU に伴って変わる場合の数 W の変動 ΔW を表している（ただし，対数表示 $\Delta H = \Delta W/W$ のかたちで）．式(8)を熱力学の言葉に訳すには，エネル

ギーと熱力学エントロピーの換算係数であるボルツマン因子 k が必要となる．

$$S = kH = k \log_e W$$
$$\Delta S = \frac{\Delta U}{T} \tag{9}$$

式(9)において，ΔU は熱エネルギーの増え高，T は温度とみなされる．そして，S が熱力学エントロピーである．式(9)を逆にたどれば逆に式(5)がでる．こうして式(1)と式(2)が式(5)を媒介に結ばれた．

式(5)に戻って社会の富を考えると，どうなるであろうか．微視的状態は現実に実現する富の分配の仕方を表し，それらの仕方が富の増え高が増すに従い指数関数的に増える．すなわち，分配の可能性が爆発的に増える（これは1章，4章で述べた組み合わせの爆発と同じ現象である）．すると何が起こるかは，図(b)より明らかである．お金が人々の間をめぐって，いろいろな分配の仕方があっても，一人一人の所有高としては，最低量の0円（文なし）であることがもっとも場合の数が多いということになる．場合の数が多いことは可能性が高いことを意味し，多数の人間がそうなることを意味する．

先に述べたようにボルツマン分布は物理の大原則で，ある系における1分子のもつエネルギーの分配を表す．この分布は富の分配にもあてはまり，社会のお金の総計が多くても少なくても，富は偏在する．経済活動の等価交換（これが分子間のエネルギーのやりとりにあたる）があるかぎり，みんながお金を平等に所有することはあり得ない．お金は必ず偏り，しかもその偏り方は指数関数的である．これは国の経済にも，世界経済にもあてはまることで，政府が何もしなければ，富は必ず不平等に分配される．そして，この不平等の起源はむしろ統計法則にあり，個人の努力，政治体制とは無関係な，強力な自然法則なのである．しかも自由競争を最大限に保証し，経済がもっとも活性化するのは，こうした統計法則が成り立つとき，すなわちすべての分配の仕方が同じ確率で起きるときなのである．平等な分配はむしろそのなかの偶然の1ケースにすぎない．お金のやりとりが急速かつ等価交換的に起こればそうなるだろう．そしてそのとき富はむしろ平等に分配されず，もっとも大きく偏

り，一握りの金持ちと大多数の貧者が生まれる．

　物質の場合，一つの分子は低いエネルギー，高いエネルギーを次々にとり，1分子を長い間見ていれば，エネルギーは平均値をとる．人間が無限に長生きをすれば，貧者と富者の間を揺れ動き，時間平均として平均的な富をもつことになる．しかし人生は有限であり，富者になるまで待てる人の数はきわめて少ない．

4　筋肉の収縮機構——分子機械論

　筋肉は生体内の一組織だが，その構造および機能は，生物らしい複雑な特性をそなえている．われわれ動物にとって，筋肉はなくてはならない組織である．それは運動の機能をもち，力学的仕事をする一種の機械である．その大きさは1cmから1mぐらいにわたるが，生体構造の特徴として，多階段の階層構造をなしているのがわかる．骨格についている普通の筋肉

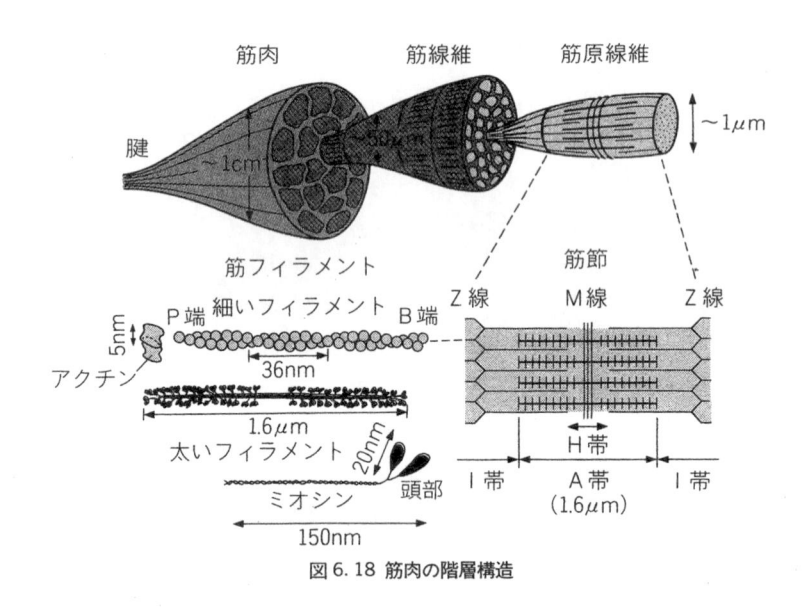

図6.18　筋肉の階層構造

は横紋筋と呼ばれ，図6.18のような構造をしている．このなかで力を発揮するもっとも小さな単位は，サルコメアと呼ばれ，$2\,\mu m$ぐらいの液晶構造をしている．サルコメアの主要タンパク質は太いフィラメント（ミオシン鎖）と細いフィラメント（アクチン鎖）で，この二つのタンパク質の相互作用（ミオシンの鎖がアクチンに結合）により，ATPの加水分解エネルギーを力学的エネルギーに変換する．この変換の分子機構の最初のモデルは1957年にA.ハクスレイ（A. F. Huxley）により，生理学（張力-速度関係）と，形態学（電子顕微鏡）そして生化学（単離アクトミオシンのATP水解）の知識を統合して提出された．このモデルはミオシンがアクチンと結合，解離をくり返し，そのことによりアクチン鎖が横方向に動くという基本的特徴をもっている．

4.1 筋肉滑りモデルの熱力学

筋肉はATPの化学エネルギーを力学エネルギーに変える装置である．今までにいくつかのモデルが提案されている．1957年ハクスレイモデルは，物理的には大変魅力的だ．ATPの役割は，化学的燃料というより整流作用にあると考える．本来はブラウン運動的に，左右両方向に動くアクチン鎖運動の一方向のみを選択する．これは物理学でいう「マクスウェルの魔物」の働きである．その後H.ハクスレイ（H. E. Huxley）により，ミオシン頭部がアクチン鎖をあたかも手でたぐりよせるように動く，いわゆる「首振り説」が提出された．この説では，ミオシン頭部の首振りという構造変化が，ATP加水分解という化学変化と一対一に対応し，ATP 1分子の加水分解エネルギーでミオシンは首振り分のストローク約$5\,\mathrm{nm}$を動く（滑り運動）とされた．この結果を取り入れ，A.ハクスレイは1971年にミオシンとアクチンの結合状態が二つあるとする，ハクスレイ-シモンズモデルを提案し，現在これが筋肉の分子機構として一般的に受け入れられている．これを図式的に示したのが図6.19である．

首振りモデルにおいて力の発生とそれに続く運動は，ATP分解物がミオシンから放出されるときに起こる．このモデルではアクチンとミオシンの結合状態をADP結合型（AM ADP）と不結合型（AM）の二つにわけ

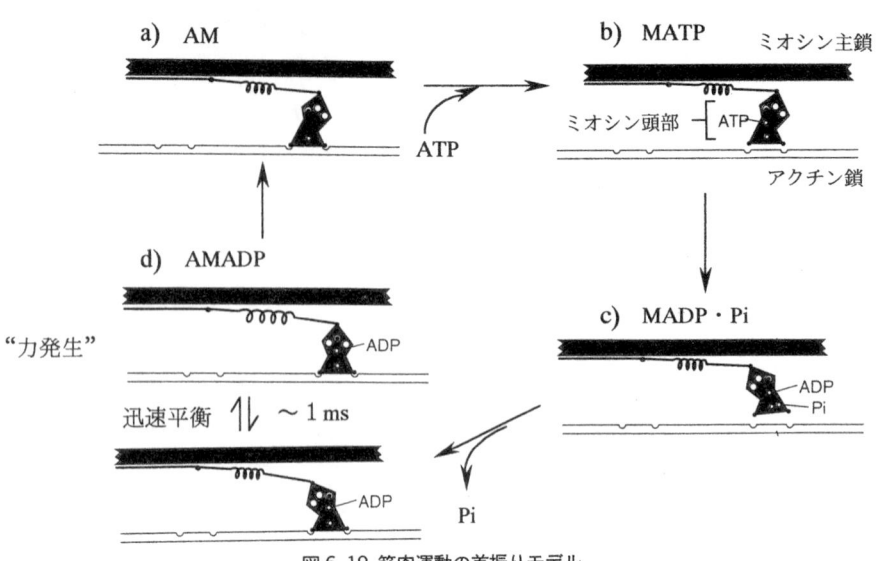

図6.19 筋肉運動の首振りモデル

ている．ATPはAMを分離させ，初期状態に戻すのに用いられる．

　前にも述べたように，筋肉の分子機構は，学際領域の研究である．機能を定量的に調べるには酵素化学，形態学，化学熱力学などの総動員が必要である．以下これらの分野の知見をもとに首振りモデルを考察しよう．

　まず，もっとも信じられている，筋肉の酵素反応の最小モデルを図6.20に示した (E. W. Taylor, *CRC Crit. Rev. Biochem.* **7** (1979) 103; 木下一彦氏（慶應大学）私信）．ただしこの図では，フリーのATP，ADP，Piは省略してある．今までの移相エネルギー的視点からそれらはいわば溶液環境の一部とみなされる．図6.19に示した首振りモデルでは，反応中間体として四つの状態しか考えていないが，図6.20(a)からわかるように，実際は最小モデルでも，反応状態として，8個を仮定しなければならない．図6.20(b)にはアクチン濃度を1mMとしたとき，図6.20(a)に示す縦方向の反応の平衡定数を用いて，アクチンとミオシンの結合の自由エネルギー（実効自由エネルギー，K_a [A] で与えられる）ダイアグラム示した．こうしてみるとたしかに中間状態における主要な化学種は首振りモデルの主張する四つのように見える．AMから出発し，存在確率の大き

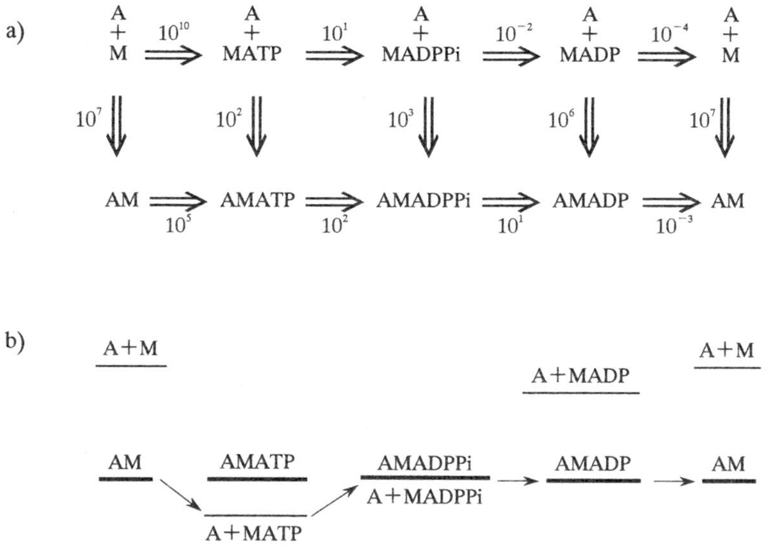

a)

$$A+M \xrightarrow{10^{10}} MATP \xrightarrow{10^1} MADPPi \xrightarrow{10^{-2}} MADP \xrightarrow{10^{-4}} A+M$$

$$\Big\Downarrow 10^7 \quad \Big\Downarrow 10^2 \quad \Big\Downarrow 10^3 \quad \Big\Downarrow 10^6 \quad \Big\Downarrow 10^7$$

$$AM \xrightarrow{10^5} AMATP \xrightarrow{10^2} AMADPPi \xrightarrow{10^1} AMADP \xrightarrow{10^{-3}} AM$$

b)

（図：自由エネルギーダイアグラム）
A+M ... A+MADP ... A+M
AM → AMATP → AMADPPi → AMADP → AM
　　　↘A+MATP↗　A+MADPPi

図 6.20 筋肉系の ATP 分解反応の最小モデル

(a) ミオシン(M)，アクトミオシン (AM) の ATP 分解経路と平衡定数．図中の数字は矢印の方向の反応を正方向としたときの平衡定数．(b)各反応中間状態の実効自由エネルギーダイヤグラム．矢印で結ぶ四つの状態が首振りモデル．ここで実効自由エネルギーとは AM と A の存在比を自由エネルギー差で表現することを指す．したがって移相エネルギーと同じく濃度依存的である．図はアクチン濃度 1mM の場合である．

$$\Delta G_\text{実効} = -RT \log_e \frac{[AM]}{[M]} = -RT \log_e K_a[A]$$

なものをたどると図 6.19 の(a), (b), (c), (d)が対応する．ところで A と M の結合が ATP によりきわめて弱くなる（平衡定数で 10^7 から 10^2 の変化）のは，M への ATP 結合が AM 結合と拮抗的に働いている証拠である．すなわち ATP 結合により AM 結合における A と M の相互作用は小さくなる．これは酵素共役で述べた拮抗的共役である．このことは筋肉分子機構を理解するうえで重要な鍵となる．

　ミオシン (M) へのアクチン (A) と ATP の結合が拮抗的なため，力発生における AM 結合状態が全サイクルの 30% 程度の割合であるという結果を生む．では ATP 分解に伴う自由エネルギー変化は，どこで力発生とカップルするのか．そのためには，ATP などの濃度を考慮した生理的

環境下での，各状態の部分モル自由エネルギーを用いて熱力学的記述を行なわなければならない．5章1節の熱力学入門で示したように，非平衡エネルギーは反応経路における中間状態の部分モル自由エネルギーの差で与えられる．これは図6.20(a)に示した平衡定数と生理的条件，[A]＝1 mM，[ATP]＝1 mM，[Pi]＝1 mM，[ADP]＝0.01 mM，を用いて考察できる．

生理的条件下でのAM, Mの結合中間状態の部分的自由エネルギーを図6.21に示した．首振りモデルでは状態IIIから状態IVに移る所ですべての自由エネルギー差が力発生に使われるとしている（図6.19参照）．そうするとこの図の場合，化学エネルギーの力学エネルギーへの変換効率は30〜40％を越えないことになる．これは実際に測定されている変換効率よりかなり悪い値であり，本当の筋肉の力発生は，他の自由エネルギー変化，(I)から(II), (IV)から(I)のところでも行われている可能性がある．

ここで筋肉の力発生の根源は何かと問われれば，それはアクチンとミオシンの結合力にあると答えたい．一般にこうした化学結合力は筋肉のような指向性ある力を生み出さない．しかし筋肉の場合まず，太い繊維（ミオシン鎖）と細い繊維（アクチン鎖）が平行して並び，繊維間の力を生み，繊維に直交した方向の結合力の一部をATP分解とのカップルにより，繊維の平行方向へと転換している．したがって物理的にはこの繊維間力の起源とその力の横方向への変換機構が問題となる．このような界面における垂直方向と平行方向の力のトレードは物理的に新しいものではなく，横毛管力として近年精力的に研究された (Kuniaki Nagayama & Peter Kralchevsky, "Capillary Interactions between Particles," *Adv. Colloid Interface Sci.*, in press (1999) または「界面における普遍的2次元力——横毛管力」，日本物理学会誌印刷中 (1999))．こうした見地から筋肉の分子機構を眺め直してみたい．その立場では，アクチン繊維，ミオシン繊維間の相互作用が主体になる．したがって分子レベルの化学種も平均結合種のAM, AMD（AMADPとMADP+Aの平均像）などを考慮することになる．そもそも伝統的に仮定されているアクチン濃度1 mMというのも，アクチン繊維という固体を考えると意味をなさない．ミオシンのうちの何％が結合状態にあるかという占有率がむしろ重要である．その事情を考慮し

a)
```
      (I)       (II)      (III)      (IV)       (V)
    M+ATP ─────────────────────────────────────────────
                                                          ↑
     AM+ATP                                               │
      │  ╲        AMATP                                   │
      │   ╲      ╱                                     57kJ/mol
      │    →  MATP      AMADPPi                           │
      │           ╲    ╱ MADPPi    MADP                   │
 自由エネルギー差 ─→  "首振り力発生"╱          M+ADP      │
      │                            ╲  AMADP              ↓
      │                                ╲
      └────────────────────────────────→ AM+ADP
```

b)
```
    AM+ATP ─────────────────────────────────────────────
        ╲                                                 ↑
         → AMT                                            │
              ╲                                           │
               → AMDP                                  57kJ/mol
                     ╲                                    │
                      → AMD                               │
                            ╲                             ↓
                             → AM+ADP
```

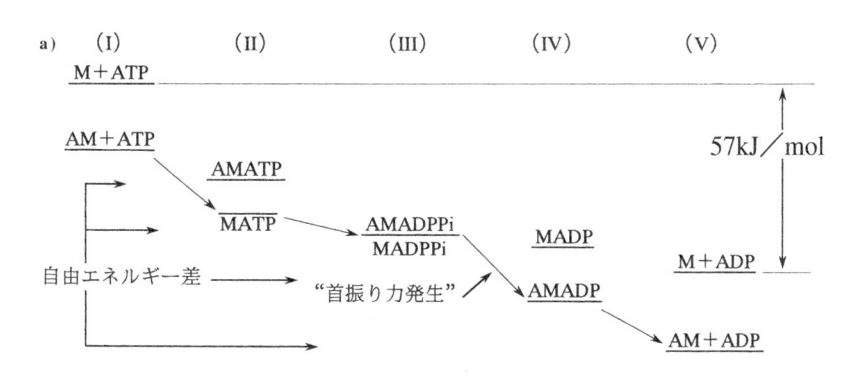

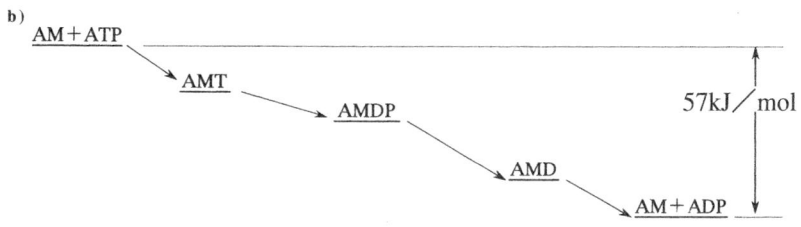

図6.21 筋肉系における ATP 分解反応の部分モル自由エネルギー変化と力発生.
(a)八つの化学種に依拠した ATP 分解の自由エネルギー変化. 矢印は首振りモデルが重視するルート.
(b)力の源であるアクチンとミオシンの結合状態に依拠した自由エネルギー変化. AMT=⟨AMATP+MATP⟩, AMDP=⟨AMADPP$_i$+MADPP$_i$⟩などは結合を中心に考えたときの平均結合状態.
ATP/ADP 濃度比が自由エネルギー差 -57 kJ/mol を生む. このエネルギーは図に示すように何ステップかの反応で順次使われていく.

た平均結合種の自由エネルギー変化が図6.21(b)に示されている.

4.2 化学-力学エネルギー変換の分子機構

　筋肉の研究は最終段階にきている. 生化学的に ATP 分解経路がわかり (図6.20), 形態学的に構成ユニットの相互配置, ユニットの役割もわかり (図6.18), また現在ではアクチン, ミオシンなどの原子座標も X 線構造解析の結果, 明らかになりつつある. しかし化学-力学エネルギー変換の分子機構について, まだ決定的な答えが出ていない. もちろん前節に見たように, 筋肉の問題は生化学的には解決している. 問題は筋肉作用全

体をつなぐ熱力学現象論と，もっとも重要なエネルギー変換の物理機構がまだ未知であるということだ．二つの繊維間の吸着力をいかに繊維方向に沿った繊維間の滑りの力に変換するかのメカニズムが見えてこない．

　熱力学現象論については，最近三井利夫により，定量的で，多くの現象を説明する理論が提出された．その理論は物性論と熱力学の応用理論である (*J. theol. Biol.* **182** (1996) 147, **192** (1998) 35)．この理論の概略を伝え，そのうえで再度，筋肉の分子機構について考えてみたい．

　首振りモデルは，ATP分解と首振りによる力のパワーストロークが，図 6.19 に示す形で一対一に対応している．柳田敏雄らは筋肉の最小ユニットを取り出し，ATP分解と運動，力発生の1分子計測を行った．図 6.22 にその結果を示すが，この分子計測による決定的実験から，ATPの滑り運動は，首振りから予想される 5 nm に比べ，20 nm という大きいものであった．ATP 1 個の分解で，首振りストロークの，平均2倍，大きいもので5倍ほどもアクチンが動く．これはATP分解と首振りが一対一に対応するハクスレイモデルからは出てこない．この大きなアクチンの動きを説明するモデルが求められたのである．

　柳田は，ミオシンがATP加水分解した後の歪みをもったエネルギー貯蔵状態にあり，エネルギーを小出しにしながらアクチン繊維上を滑ると考えている．その場合図 6.21 (c) に示す自由エネルギー差のあるすべての段階で力発生があり，かつ化学種もさらに中間の状態を考える必要がある．三井モデルはこの柳田の提案を基礎に，図 6.23 のようなモデルを考えた．誘起ポテンシャルモデルと呼ばれるこのモデルの要点は，アクチンとミオシンの結合により，アクチン側が変化し，結合前と異なる新たなポテンシャルが誘導されるというものである (図 6.23 (b))．電磁気では誘電体中に物質が入ると，物質が影響を受けるだけでなく，まわりの環境も性質を変える．これをタンパク質の物性変化に適用した．

　図 6.23 を用いてモデルを具体的に説明しよう．まずミオシン鎖とアクチン鎖はある距離をもって並ぶ．ミオシン頭部はアクチンと自由に相互作用できる (図 6.23 (a))．この構造自体はサルコメアの構造がつくり出しており，アクチン-ミオシン相互作用にとっては，いわば外部拘束条件であ

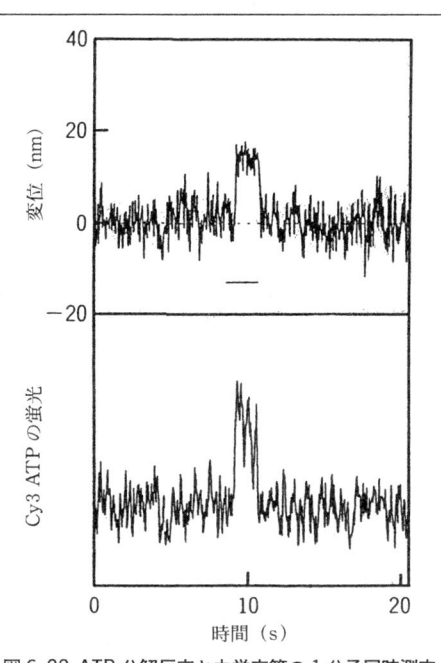

図 6.22 ATP 分解反応と力学応答の 1 分子同時測定

上のトレースが単頭ミオシン 1 分子による変異を示し,下が高感度光検出器で測定した蛍光 ATP の結合解離反応を示している.

る.ミオシン頭部のアクチンへの結合状態は,少なくとも三つある.その内の一つの形式を(a)が示している.これは力を出し終わった直後の図である.また(b)に見るように,ミオシン結合によるアクチンの変形で,隣り合う二つのアクチンの結合ポテンシャルが不均衡となる.アクチン鎖とミオシン鎖の相互作用は,アクチン分子 1 個のミオシン鎖への吸着に伴う結合ポテンシャル(結合の自由エネルギー)として図 6.23 (c)のように表現される.この結合ポテンシャルはミオシン鎖の規則構造を反映し,アクチンがミオシン鎖を動くとき,(c)のように場所依存的になるとする.(a)と(b)に示す結合の状態は(c)に示す結合ポテンシャルの C_1, C_2 の部位依存状態に対応している.この他の結合状態は,(c)中の B に示される結合で,これは誘起ポテンシャルのない,通常型(図 6.21 でいえば AM のような)の結合で本モデルでは重要でない.もう一つの重要な結合状態は,図 6.23 (c)の C_1', C_2' に対応する結合ポテンシャルで,これはミオシン頭部が首を

186──6 生理機能の熱力学原理

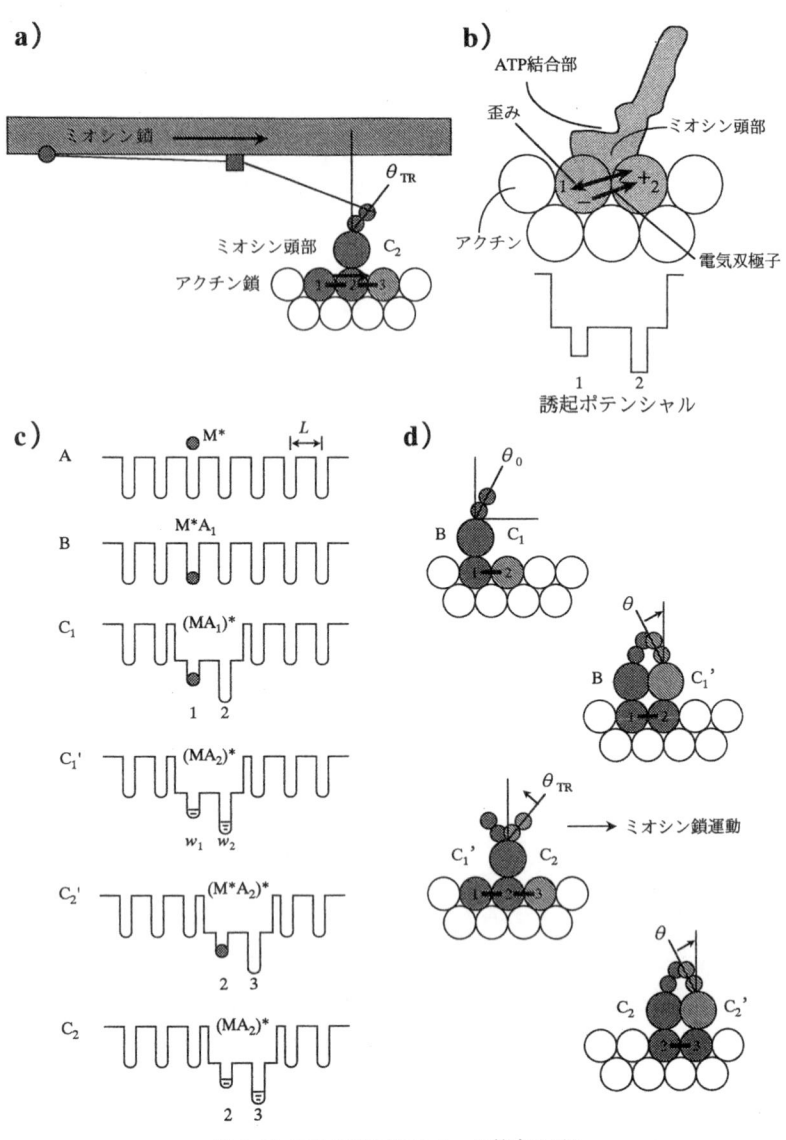

図 6.23 三井の誘起ポテンシャル筋肉モデル

振って，頭部の結合角を変えた状態である．この二つの結合状態（C_1 と C_1'）をとりながらアクチンは，相対的にミオシン上を尺取り虫のように動いていく．

このモデルを図 6.23 (c), (d) を用いて，もう少し詳しく説明しよう．A は 1 個の励起アクチン M^*（ATP 加水分解のどの段階かは特定しない．すべてでもよい．）が，アクチン鎖（くり返しをもつ結合ポテンシャルの谷として表記されている）に結合する前の状態．これがアクチンと通常型で結合したのが B（図 6.23 (d) の上段，結合角 θ_0）．アクチン側にはまだ変形が誘起されていない．変形が誘起されると，新しい結合ポテンシャルが結合部のみに生ずる．この B から C_1 への移行も図 6.23 (d) の最上段に示されている．また図 6.23 (c) に，C_1 として対応する結合ポテンシャルの状態が示されている．図 6.23 (b) で示したように部位 1 ミオシンが結合すると部位 2 も変形し，両者の結合ポテンシャルは 2 がより大きい．そのため，ポテンシャルの谷は 1 より 2 が深い．2 の結合が強い理由は，変形によるピエゾ効果で，1 には励起ミオシンとの反発電位，2 には励起ミオシンとの吸着電位ができるためである．このアクチン変形を保ったまま，結合ポテンシャルに従って，1 から 2 の部位へ励起ミオシンが移動する．1 と 2 の結合ポテンシャルの差は，約 20 kJ/mol と考えており，ほとんどが 2 に結合した状態になる．これが C_1' である．C_1 と C_1' の共存の様子（確率的に C_1' が圧倒的に多い）が，図 6.23 (d) の 2 段目の図である．C_1' はアクチン 2 にも結合していることに注意．C_1' の結合角はミオシンの尾に引っ張られ，θ_0 から θ になっている．この θ が θ_{TR} へと結合角が変わると，C_2 が実現する（図 6.23 (d) の 3 段目）．アクトミオシン系ではここで"力が発生"される．またミオシン鎖が運動する．$C_1 \to C_1' \to C_2 \to C_1' \to$ とくり返すと運動が連続的に起こる（図 6.23 (d) の 4 段目以降）．

以上が三井理論の骨子である．この理論と過去の筋肉モデルとの違いを議論したい．まず従来の理論にない結合ポテンシャルの導入だが，これは物理化学の言葉でどう解釈するのか．結合ポテンシャルはある励起ミオシンの構造を固定したとき，その励起ミオシンがアクチン鎖を位置を変えながら動くとして，各位置での最適結合の示す自由エネルギーとして定義で

きよう．すると，B, C_1, C_1' の三つの異なる結合ポテンシャルがあるということは，これらは異なる結合型があることを暗示している．次に C_1 に見られる二重極小ポテンシャルであるが，これは次のように解釈できよう．

まず C_1 において，アクチン-ミオシン結合が B と異なる構造になるのは酵素作用の進行と同じく充分考えられる．さらにそれに応じ，アクチンが変形を受けるのもよい．隣り合う結合サイトが示すポテンシャルの差は，アクチンの変形と励起ミオシンの構造をそのままにして，単に部位1と部位2の相対位置をずらしたとき，結合ポテンシャルの差として生ずると考えられる．こうした非対称なアクチンの構造変形も，アクチン鎖上でたしかに可能であろう．そして C_1' は部位1と部位2の結合の確率的な重ね合せとなる．そして部位2への結合確率が圧倒的に高い．ここまでは，酵素作用における，$ES \rightarrow E^*S^* \rightarrow E+P$ などのタンパク質構造変化の類推から考え納得できる．ここで，アクチンをミオシン上の ATP 加水分解，もしくは励起状態から基底状態への戻り反応を速める酵素と考えている．しかし，次のステップが問題だ．

C_1' から C_2 に移ることは，外からのエネルギー注入なしにできない．なぜなら C_2 の結合ポテンシャルは，前に説明したように，C_1' の深いポテンシャルより浅く，したがってエネルギー的に不利だからである．さらに，C_2 に移るには，ミオシン頭部の首振りが必要（$\theta \rightarrow \theta_{TR}$）で，それに伴う力学的負荷も，$C_2$ への移行を不利にする．この二つの正のエネルギー差を補給するメカニズムは何だろうか．二つの答えが可能である．一つは，酵素反応と同じように，熱エネルギーとのトレード．もう一つは励起ミオシンの内部エネルギーとのトレード．前者は1957年のハクスレイモデルと同じ「マクスウェルの魔物」であり，考えにくい．また後者をとるには，自由エネルギーの放出のより具体的な描象を必要とする．

なぜ熱エネルギーとのトレードが「マクスウェルの魔物」なのかは，$C_1 \rightarrow C_1' \rightarrow C_2$ というサイクルの本質を図6.24のように書き換えると，わかりやすい．ここで C_1, C_2 などを速度論的中間状態，C_1', C_2' を反応前後の初期，終期状態と考える．

図6.24のエネルギーダイヤグラムは，C_1' と C_2' のエネルギーレベルが

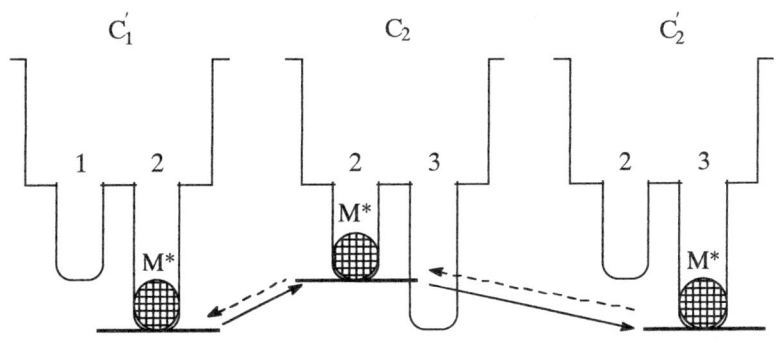

図 6.24 三井モデル反応素過程の自由エネルギーダイヤグラム
実線,破線,両方の矢印の反応が同等に可能.

同じであることから,$C_1' \to C_2$ と $C_2' \to C_2$ の反応速度が同等であることを主張している.だから,$C_1' \to C_2 \to C_2'$ の反応と逆反応の $C_2' \to C_2 \to C_1'$ は同じ確率で起こらなければならない.すなわち,$C_1' \to C_2$ というミオシンの一方向運動はあり得ない.それを無視した都合のよい議論は,結局,「マクスウェルの魔物」の存在を主張することと同等なのである.したがって $C_1' \to C_2 \to C_2'$ のフローが生じるには,C_1' と C_2' の同等性が破られなければならない.すなわち,運動ステップに従って,部位2側の結合ポテンシャルが,部位1側に比べ,深くならなければならないのである.先の結合ポテンシャルの定義に戻ると,これは励起ミオシン M^* とアクチンの両者の構造変化と,それに伴うより安定な方向への結合の変化を要求する.このとき励起ミオシンからの自由エネルギーの注入が必要となる.

ここでATPの結合サイトに注目しよう.図 6.23(b)に示すように,ATP, ADP の結合部位は,アクチン結合部位から約3 nm 離れている.これは,タンパク質の内部としては相当大きな距離で,両方のサイトは一見独立である.しかし図 6.20 に示したエネルギーレベルから考え,結合したATPやADPとアクチンの間には,間接的な相互作用がなければならない.アクチンとミオシンの結合がATPのミオシンへの結合により著しく阻害されること(図6.20)は,アクチンとATPが互いに結合阻害剤として働くことを意味している.この事情はAMADPPiのときさらに著しく,ATP → ADP に伴う自由エネルギー変化分を,アクトミオシン複

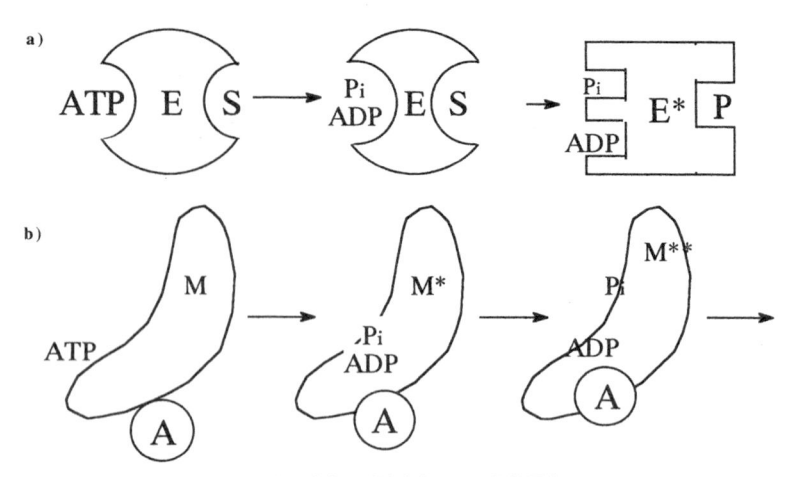

図 6.25 酵素の構造変化による共役反応
a) は化学反応を駆動する共役酵素反応
b) は ATP 分解とカップルしたアクチンとミオシン結合反応

合体 (AM) はどこかに貯蔵している．

ここで図 6.21(b)の結合化学種の自由エネルギー変化をもとに説明しよう．ミオシンの ATP 結合サイトに ATP がつくと，アクチン結合サイトの構造も変わり，アクチン結合は弱まる（拮抗的共役）．アクチンとのもっとも弱い結合は AM → AMT の変化の最初に実現すると考える．しかしアクチンミオシン結合は，ATP 結合サイトの ATP の分解と，引き続く ADP と Pi の結合の仕方で変わり，結合ポテンシャルも変わり得る．すなわちアクチンとミオシンの結合の仕方には何種類もあり，それは ADP と Pi のミオシンへの結合様式とカップルしていると考える．$C_1' \to C_2 \to C_2' \to C_3$ と移動するに従い，アクチンとミオシンの結合は強い結合型へと変わり，それを補償するように ADPP$_i$ の結合は弱まる．こうして AMD，さらに AM というもっとも強いアクチン-ミオシン結合へと変わっていく．しいていえば，結合複合体全体の構造変化が「マクスウェルの魔物」の役割をし，最初の AMT におけるアクチン-ミオシン結合の高い自由エネルギー状態が，低い方向へ移行していくと考えられる．ただしこの移行は，酵素反応のような化学量論的なものではないだろう．それに

ついて次に考えたい.

三井モデルを承認した後で,再び ATP 共役酵素を眺めると,なぜ酵素共役が一対一の反応しか許さないのか,すなわちなぜ ATP 1 個の分解で,複数個の共役反応をドライブできないのか,という以前の疑問が再び湧いてくる.両者の決定的差は何であろうか.

二つの生理作用における酵素の構造変化の大きさ,反応中間状態の自由エネルギーの差に,その原因があると思われる.構造的に見ると ATP 共役酵素反応は,中間状態の ADP と Pi 結合における ADP と Pi の静電反発力を,酵素 E の構造変化に変え,その変形が S と P の存在バランスを P 側に変えると解釈される.このとき大きな構造変化と,大きなエネルギー変化(約 100 kJ/mol)を伴う.図 6.25 (a) にこの様子を模式的に示した. S → P のエネルギー変化がどうあれ,化学変化の触媒作用である以上,酵素 E の構造変化が特異的でなければならず,共役は ATP と S が同時に結合したときの 1 回しか起こらないと前節で指摘した.EADPPi の状態で S → P 反応を何回も触媒することは,共役酵素作用のような,特異的化学反応の場合,考えにくい.有機化学の反応は,結合角 1 度,結合距離 0.01 nm の変化でその効率が激的に変わる世界である.したがって E → E* という構造変化との 1 回の共役で反応が終結してしまう.

一方,タンパク質間相互作用のような,もともとルーズな物理吸着反応の場合,それとの共役は,大きな構造変化と大きなエネルギー変化を必要としない.図 6.23 にみる非等価なポテンシャルの谷のエネルギー差(活性中間状態のエネルギー差)は 20 kJ/mol 程度.ATP 酵素反応に比べ, 1/5 程度である.すると図 6.25 (b) のように,ADPPi の静電反発を一気に解放せず,両者の相対位置を少しずつ変える構造変化が可能である.それに対応し,アクチン結合も少しずつ強くなる結合様式が考えられる.こうして小間切れに,ATP 分解のエネルギーを放出することが可能となる.

有機化学的に精緻な共有結合反応に比べ,物理的吸着反応はもともと多様性を許すルーズな反応なのである.反応の一対一対応という,厳密な化学量論性を必要としないこのルーズさが,アクチンとミオシンの結合の本質であろう.だから,筋肉の生理作用の分子論的新しさは,吸着のような

物理結合と，ATP分解のような化学結合が，酵素的に共役したところにある．筋肉の力発生が化学量論的に進行しないのは，物理結合のルーズさによるし，また化学-力学エネルギー変換がスムーズにいくのは，ルーズな結合とATP分解の中間段階（もしくは励起ミオシンの構造変化）とのカップルを許すアクトミオシン系の特殊なタンパク質間相互作用に起因する．

　上記の議論のすべてはハクスレイ流の一対一対応首振りモデルを否定する柳田らの実験に端を発している．もしこの否定実験が何らかの人為的誤りである場合，もとのATP共役モデルが正しいということになる．今この点が研究の最前線で厳しく問われている．またルース結合モデルの提案自体は，もし筋肉系が正反応と同じ効率の逆反応，すなわち筋肉を外力で駆動するとATP合成が行われるような場合には崩れさる．その意味で最近100％の効率が証明されたF_1-ATPaseの場合，同じ分子モータながら一対一のATP共役モデルが正しそうである（木下一彦氏私信）．F_1-ATPaseはATP合成，ATP分解の双方向の反応を触媒し，そのもっとも重要な中間段階に分子回転が関与する．この回転モータが，水素イオンの膜内外の濃度差によって生ずる自由エネルギー差を，ATP合成にまたは可逆的にATP分解による水素イオン濃度差生成に変換する．効率100％ということおよび可逆的反応という両者から考え，この分子モータは筋肉の分子モータと異なり，従来型の酵素反応モデルで記述できるように思われる．

　いずれにせよ筋肉の現象論方程式が提案された．残る分子機構の最終解答は，以上の議論を踏まえ，以下の問いに答えることである．「アクチンとミオシンの可能な多くの結合状態をミオシンおよびアクチンの変形と相関させて証明すること」．この証明には究極の生物物理的計測法（コラム⑤参照）の出現が必要と思われる．

おわりに

　力学は物理学の基本である．それは法則の本体である運動方程式と外的条件としての境界条件，初期条件より成り立っている．この外的条件をもとに運動方程式が解かれると具体的な運動の軌跡が得られる．計算結果があまりにもみごとに運動を説明するため，基本法則としての運動方程式により現象が説明されたと考える．しかし機械工作のような工学になると，力学法則が具体的にどこに使われているのかなかなか見えない．これと同じように，工学的に見た生命にはわれわれのまだ知らない力学的工夫や熱力学的工夫があるに違いない．

　たしかに機械工作などというのは，力学法則のような法則本体というより束縛条件（境界条件，初期条件）の変形の連続である．そして技術社会では，束縛条件などの情報が特許としての価値を認められている．法則本体は自然に属するものだから特許化されないのである．こうしてみると，物理学は運動方程式に，工学は境界条件，初期条件に重きを置いているように見える．その意味で工学的生命観に立った生物物理は，生物現象の法則的側面より「生物がいかに巧みに自然法則を工学的に利用したか，その仕組みの解明」に重点を置くことになる．この解明により生物のもっている「天然の技術」の体系がいかにわれわれ人間のそれと異なるかがわかるはずだ．「はじめに」でも述べたが，生物は，われわれには思いもよらない技術の論理を用いている可能性がある．

　生物は分子を素材としてつくられている．一方，人間の技術はけっして分子を直接の素材とはしていない．むしろ大きく，重たく，固い素材で種々の装置，機械，建造物をつくってきたのである．このスケールのまったく違う二つの技術をどう考えるべきか．両者の根源的差に触れ，本入門書を閉じたい．

重力の世界と分子間力の世界

　大きな世界を支配している力は重力である．たしかに太陽系の運動は重力で説明できるし，われわれの日常生活も重力なしには考えられない．一方，小さな世界を動かしている自然の力は分子の間に働く分子間力である．分子間力はモノを固める力でもある．すなわち物質が集まって固まるときには分子間力が働いている．ではなぜ大きな自然と小さな自然は，重力と分子間力に支配される，二つの異なる世界に住みわけるようになったのだろうか．その理由は意外と簡単である．両方の力が，モノの大きさ（スケール）に対する依存性を異にするためである．

　重力は体積に比例する体積力であり，力が遠方にまで及ぶ．だから大きなスケールの自然を支配する．一方，分子間力は分子と分子の間に働く力で，本来電気力に由来するさまざまな力（イオン間力，双極子間力，水素結合，疎水結合など）の総称である．しかしその力はすべて物体の表面積に比例する表面力と考えてよい．表面力は，重力とは逆に，力が近距離にしか届かない特徴をもつ．もちろん電気力（クーロン力）は本来長距離力だが，電気的中性条件では反対電荷による遮蔽のため，距離に対し，急激に減衰する「短距離力」となる．だから小さな自然にしか影響を与えない．

　ここで二つの力の大きさを比較する指標を導入しよう．物体を一つ指定したとき，この二つの力の比（N数）はどのような性質をもつだろうか．

$$N = \frac{\text{分子間力}}{\text{重力}} \propto \frac{\text{表面積}}{\text{体積}} \cong \frac{1}{S} \quad (S\text{は物体の大きさ})$$

上式が意味するところは，物体の大きさとN数は反比例の関係にあるということである．モノが小さくなるとN数は大きくなり，分子間力が優勢となる．したがって，地球上では小さなものは分子間力の支配下に，大きなものは重力の支配下にあることになる．

　地球上の造山運動も岩石も重力の結果であり，家，車という文明の利器も重力に抗して何かをしている．一方，分子の世界や細胞の世界は重力支配ではなく，分子間の力でものごとが進む．水の表面張力，タンパク質の構造形成，生体内のリガンド結合作用，生理作用など本書で述べた多くの例がそれである．重力支配と分子間力支配の境いめがどのスケールにある

かは，個々のケースによるが，だいたい生物の標準的大きさ（約 1 cm）にあると考えられる．

こうしてみると人間は，生物としては異例に大きく，いわば日常的に重力世界に住んでいるといえる．

エネルギー問題の根源

小さな自然のモノづくりの基本過程は自律的方法，すなわち「自己集積」であることを 1 章で述べた．生物は自分の体を自分でつくる．一方，われわれの文明は加工技術，輸送技術その他どの技術をとっても，外部から大きなエネルギーを投入する他律的方法である．前述の「N 数」はまた，技術が自律的になり得るか，他律的にならざるを得ないかを示すおおよその指標でもある．このことをわれわれ文明の緊急課題であるエネルギー消費問題に関連して考えてみたい．

生物のモノづくりも人間のモノづくりも，それが生産であるかぎり，必ずエネルギーを消費する．ただしここでいうエネルギーは自由エネルギーのことである．自由エネルギーはエントロピーを内包している．ただしエントロピー増大則は自由エネルギーの場合減少則となる．

熱力学第二法則が教えるところは，自然な過程はつねに自由エネルギーが下がる方向へ進行するということであった．ところで生産とはこの自由エネルギーの下降に抗し，高い自由エネルギー状態の何か（製品または体）をつくることである．そこで生物と人間のモノづくりは，ともに以下のような共通の図式にまとめられる．

図のなかで外部に熱となって浪費されるエネルギーの割合は投入側と生産側のエネルギー，$\Delta G_1, \Delta G_0$ を用いて，$W=(\Delta G_1-\Delta G_0)/\Delta G_1$ のように定義される．そしてこのエネルギー浪費率 $W(0<W<1)$ と N 数が $N=-j \log W$（j は定数）で結ばれるだろうというのが私の予想である．

これが意味するところは次のようになる．生物のモノづくりは N 数が大きいので W を 0 に近づけることができる．すなわちエネルギー浪費率は小さい．一方人間のモノづくりは N が小さく，したがってエネルギー浪費率は最大の 1 にかぎりなく近づく．このようにエネルギー利用効率が

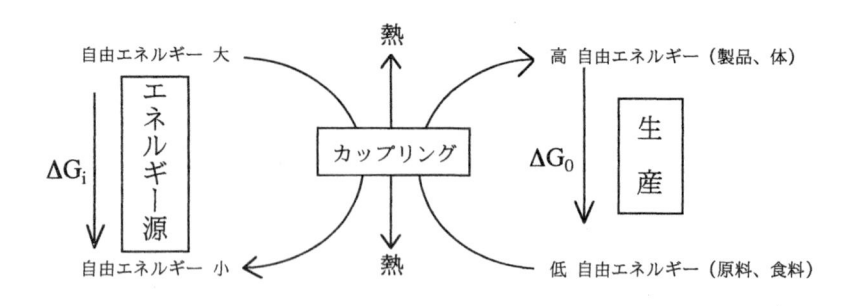

```
自由エネルギー 大    熱        高 自由エネルギー（製品、体）
    ┌─────┐   ↑  ↗   ┌─────┐
    │エネ │      ┌─────┐    │生 │
ΔGi │ルギ │ ←→ │カップリング│ ΔG0 │産 │
    │ー源 │      └─────┘    │  │
    └─────┘   ↓          └─────┘
自由エネルギー 小 ←  熱   ←  低 自由エネルギー（原料、食料）
```

N 数によって定まる限界があるとすれば，人間の文明の未来はけっして明るくない．しかし，自由エネルギーは保存量ではないので，やり方しだいで投入前後の浪費量が増えたり減ったりするのである．したがって N 数で定まる大きな枠組のなかでもエネルギー問題解決の道がある．エネルギー浪費率 W を 0 に近づけるには，生物のように平衡系に近いところでの生産，すなわち常温，常圧の生産を行えばよい．もっとわかりやすくいえば，投入エネルギーを小出しに能率的に使う生物のやり方を採用し，現行の工業のように高い自由エネルギーを一気に放出して利用する方法をやめることである．生物のモノづくりに学ぶことは，ゆっくりでもやっていける経済的仕組みをつくることを意味するのだと思う．

「生命知」

　人間は生物として巨大すぎると先に述べた．人間の平均身長が今の10分の1であったなら，それがつくり出す文明，技術はずいぶん様子が違っていただろう．そしてそれは，現在ほどエネルギー消費型ではなかったはずだと上に述べた．しかし今からでも生物の自然に学び，現代文明の行き過ぎを回避できるかもしれない．

　私がここで主張したいのは，けっして自然に帰れとか同化せよということではない．生物が進化の過程で獲得してきた自然の技法 (biosophia) から学ぼうというのである．たとえば2章，3章で述べたテンセグリティは生物の新しいパラダイムだが，最小材料で最大強度を示すその構造は，人間の文明が重力支配から逃れる方向を暗示しているようにも見える．ド

ームのみならずあらゆる建造物がこうした構造をとれば，生物のやり方に一歩近づいたことになるのかもしれない．またミクロの世界のモノづくりはエレクトロニクスやオプティクスの技術の先端であるが，それは生物の自己集積がもっとよい手本を示している．これについても材料科学，表面科学の世界で研究が進展しつつある．いずれにせよ「生命知」の中味は多彩かつ多様である．汲めども尽くせぬものがあり，生物諸科学の発達とともにさらに中味は広く，豊かになるだろう．「生命知」のインパクトを最大限受ける文明的段階を，今われわれは迎えつつあるといえる．

索引

ア　行

アクチン　18, 34, 179-192
　——鎖　179, 182, 184
　——繊維　19, 25, 26, 29, 31, 39, 40
アクトミオシン　179, 181, 187, 189
アゴニスト　135, 137, 143
圧縮率　93, 94
アポトーシス　26, 27
アミノ酸　4, 28, 41, 66, 68, 70, 72, 76, 78, 79, 84, 87, 89, 112-114, 116, 121, 125-132, 160
　——間相互作用　123
　——配列　67, 70, 71, 73, 74, 87
アルキメデス多面体　43
アルキル鎖　54-56, 58, 59
アルツハイマー病　32
アロステリックモデル　146, 147
アンタゴニスト　135, 137, 143
安定化剤　126-129, 139, 148, 150, 152-158, 166-167
安定曲率　59
安定多面体　50-52
アンフィンゼン　68, 69
　——・ドグマ　iv, 2-4, 20, 41, 46, 48, 50, 52, 67, 70, 87, 90, 98, 141
移相エネルギー　103, 115-119, 123, 125-132, 135, 137, 141, 144, 149, 152, 156, 158, 160, 161, 164-166, 180
　——表現　135, 139, 140, 143, 148, 154, 160, 165, 170, 171
一次元情報　68
一次構造　72, 73
1分子計測　184
遺伝暗号の普遍性　5, 74
遺伝情報　3, 67, 68, 70, 71, 74
遺伝的選択　67, 71

糸状高分子　69
イノシトール　33, 127, 158, 160
イングバー　22, 24, 25, 29
インテグリン　15, 23, 29
引力-斥力バランス　59, 86
引力相互作用　96, 120, 138
ウイルス　iv, 21, 40, 42, 44, 51-53, 73
　——カプシド　22, 40, 43, 50-52
宇宙の全物質の数　2
運動　5, 16, 19
　——エネルギー　83
　——方程式　83, 90
エタノール　116, 117
エネルギーダイヤグラム　165, 169, 188, 189
エネルギー的制約　46
エネルギーフロー　142, 171
エンタルピー　93, 97, 104, 105, 107
エントロピー　83, 93, 94, 97, 104, 105, 107, 108, 114, 122, 173, 174, 176, 177, 195
円二色性分光　109
オイラーの定理　44
大畠　119
大井　119
大西　167

カ　行

会合　127-129
　——エネルギー　137
　——状態　128, 166
　——定数　104, 137, 139
開時間　152, 153, 157
開状態　136, 143, 152, 157, 158
解析関数　90
階層構造　3, 7, 72, 81
階層レベル　8
開特性　152

界面 58
　——張力 58
解離状態 128, 166
解離定数 103, 137, 162
ガウス型 63
化学因子 29
化学エネルギー 32, 179, 182
化学情報伝達 142
化学信号 v, 22, 30-32
化学ネットワーク 20, 33-35
化学熱力学 60, 97, 112
化学反応ネットワーク 4, 33
化学平衡 60, 98, 99, 137, 138, 146
化学ポテンシャル 48, 58, 61, 103
化学-力学エネルギー変換 183, 191
化学量論 73, 124
　——性 73, 74, 84, 123
　——的 190, 191
可逆性 68, 112
可逆プロセス 111
核磁気共鳴法 109, 159
確率的選択原理 2
カスパーゼ 27-29, 32
数密度 61
加成則 114
カゼイン 108
かたちと力 12
活性剤 165, 166
活性状態 136, 140
活性的 168
活性度 140, 143, 148
カリウムチャネル 154
カルシウムイオン 118, 143
カルモジェリン 79
カロリメータ 106
ガン遺伝子 28
ガン化 29
環状ペプチド 88, 89
機械力 11
幾何学的制約 45
記号化 4
基質特異性 161

基質濃度 161, 162
気体定数 98
拮抗型 165
木下 192
逆平行 β シート 76-79
逆ミセル 57
球殻 41
　——構造体 41
球状タンパク質 94
吸着電位 187
境界条件 8
共時共役 173
協同性指数 137
協同的リガンド 144
共役酵素反応 168, 181, 191
共役反応 168, 169, 171-173
共有結合反応 189
極小化問題 83
局所平衡 141, 142, 169
局所論 20
極性 15-18
　——形成 16, 17
巨視的非平衡論 169
巨大神経 151, 157
巨大タンパク質 80
巨大ヘモグロビン 80, 81
筋 19
筋肉　v, 143, 160, 172, 174-184, 186, 187, 191, 192
　——収縮 142, 178
グアニジン水酸化クロリド 117
久木田 153, 157, 158
首振りモデル 179-184, 192
組み合わせの爆発 2, 89
クラスリン 21, 45, 46, 48-50, 52
グリークキー 79
グリコール 117, 154
クリスタリン 79
グルコアミラーゼ 167
グルコース 160, 167
群論 37
形態学 179

結合　19, 29
　　──エネルギー　85, 86, 164, 173
　　──サイト　144, 188-190
　　──組織　16
　　──等温式　145
　　──ポテンシャル　185, 187-190
血清タンパク質　108
決定的実験　157
ゲノム数極小化　52
原子座標　121
原子団　58, 120
現象量　105
ケンドルー　71
高エネルギー化合物　101
高温変性　121
工学　6-8, 33, 68, 70, 81
恒常性　23, 142
構成成分量　114
構成ユニット　6, 41
構造安定性　48
構造選択　40, 41, 46, 52
構造多様性　53
構造と機能　12, 32, 68, 71
構造予測問題　89
拘束条件　184
酵素作用　71, 160, 164-168, 188
酵素反応　89, 93, 161-164, 168, 180
　　──カスケード　27
5角形頂点数　43
個体構造　iv, 68
骨格タンパク質　45
コートタンパク質　45
五分咲き桜　110
コラーゲン繊維　15, 18, 25
コレステロール　57
混合型　165
今野　118
コンピュータ　34, 90-94
　　──のパワー　92

サ　行

最小エネルギー構造　70
最小モデル　180
再生　89, 90, 94, 112
　　──速度　157
最速降下線　1
サイトカイン　33, 143
サイトカラシンD　29
サイト占有率　144-146
細胞外基質　15-17
細胞外マトリックス　25
細胞間接着　15, 16, 37
細胞器官　19
細胞構造　68
細胞骨格　iv, 15, 16, 18, 23-26, 28, 29, 31, 32, 35, 37, 39
細胞死　26-32
　　──調節　29
細胞質　19, 25
細胞膜　19, 25, 28, 32, 54, 56, 57
材料の力学　19
サッカーボール構造　20, 44, 45, 51
砂糖　139, 167
サブユニット　80, 81, 146, 150
差分方程式　91, 92
サーモリシン　79
サルコメア　179, 184
三次元情報　68
酸素吸着　142, 144-150
酸素分圧　148, 149
3体問題　88
三リン酸化核酸　169
シェルマン　138
時間平均　93
時空スケール　5
自己安定性　23
自己集積　20, 67
自己触媒　28, 29, 32
自己組織的　20
示差熱解析　108, 109
脂質集積体　53
脂質体積　55, 56
脂質-タンパク質複合体　53
脂質二重膜系　53, 54, 59

シス型　75
システムの調和　114
自然選択　1, 3, 52
質量作用比　99, 102, 136, 140, 142, 143, 170, 171
シート　14, 15, 24, 76
　――構造　14
シミュレーション　87, 90, 93
シャンジュ　146
自由エネルギー　6, 41, 48, 49, 53, 58, 61, 62, 68, 69, 71, 83, 84, 87, 90, 97-105, 107, 114-117, 125-127, 130, 135, 137, 141-143, 149, 154, 156, 158, 161, 162, 164-166, 169, 172, 173, 180-185, 187-189, 191, 192, 195, 196
　――最小則　68-71, 141
　――ダイヤグラム　158
集合平均　93
収縮機構　178
終状態　170, 171
重力　11, 16, 90, 91, 194
主鎖　74
受容体　140
シュレーディンガー　iii
上皮　14, 19, 29, 30
　――組織　14, 15
情報選択　3, 4, 7, 70
小胞体（リボソーム）　iv, 40, 41, 44-46, 50-53, 62, 65
情報量　70
初期状態　170, 171
触媒作用　160
神経　19, 151, 157
　――伝達機構　142, 151
　――パルス　152
人工酵素　164
人工設計　79
信号伝達系　19, 20, 29, 31, 34
親水基　54
親水性アミノ酸　74, 114, 116, 128, 129
迅速平衡の仮定　162
浸透圧　22, 24, 154, 157
　――依存　154

水素結合　66, 76-78, 84-86, 88, 194
水溶液系　115
水和エネルギー　119, 120-123
　――パラメータ　119
水和項　119, 121-123
ストレスファイバー　25, 31
滑り運動　179, 184
生化学反応　165
制御因子　144, 149
生死バランス　19
正4面体　39
静水系　12, 13, 24
静水骨格系　13
静電斥力　58
静電相互作用　85, 86
正20面体　20-22, 25, 39-44, 51
正の結合　138, 150
正8面体　39
生物物理的計測　192
生命観　6
生理作用　135, 140, 141, 152, 159, 194
赤血球膜　64
せっけん　56
接触面積　96, 120, 150, 167
接着　19, 23, 26, 28-32, 34
　――斑　15, 31, 37
セールスマン問題　89
繊維芽細胞　16, 17
遷移状態　111, 154, 156
繊維ネットワーク　24
全生物種　2
選択原理　1-3, 11, 13, 20, 41, 53, 67, 70, 71, 83
選択的水和　139
潜熱　105, 107
双極子間相互作用　85
相互作用エネルギー　41, 49, 61, 84-86
増殖　16, 19, 34
　――因子　29
相転移　107
創発　5
阻害剤　148, 149, 165, 166
阻害的　168

素過程　172
曽我部　31
側鎖　74
促進剤　148, 149
速度式　161
速度論　154, 161
疎水基　54
疎水性アミノ酸　74, 114-116, 128, 129, 158, 160, 167
疎水性相互作用　122, 123, 160
疎水性側鎖　122
塑性　32
ソルビトール　158

タ　行

代謝サイクル　142
代謝の普遍性　4
対称性　37-42, 44, 45, 50, 51
体積ゆらぎ　93
タウ　32
多細胞系　15, 16, 19, 20, 24
多細胞体　15
多重共役　171, 172
多体問題　91
多糖類　4, 15
タバコモザイクウイルス　40
多面体　iv, 41-47, 49-52
多様性　2
ターン　76
単鎖脂質　56
弾性　32
　　——エネルギー　60
　　——力学エネルギー　62
タンパク質　iii-v, 2, 4, 7, 20, 22, 25, 26, 28, 29, 32, 34, 37-43, 48-53, 57, 59, 61-66, 74, 78-96, 114, 124, 125, 127, 156, 194
　　——データバンク　71
　　——の体積　112, 113
　　——複合体　37-39
　　——変性　106, 107, 109, 111, 112, 125, 135
タンフォードモデル　114, 115, 119, 132
単量体　60-62

力発生　187
チャネル　v, 19, 140, 151
　　——開閉　151-154, 157, 158, 160
中間径繊維　19, 25, 26
中空円柱　13, 16
中性洗剤　56
チューブ　52
超共役　171
調節　73, 139
頂点エネルギー　51, 53, 61
超分子　20, 37, 40, 41, 54, 73, 81, 82
つりあい　83
低温変性　108, 121, 122
定常状態　143, 161
デルブリュック　73
電気生理　151
　　——学　158
電子顕微鏡　45, 82, 83, 96, 179
テンセグリティ　iv, 18, 20-26, 29, 31
天然状態　89, 106, 107, 109-111, 114-118, 121, 123, 126, 128, 136, 150
同型　19
統計力学　93, 112, 174
凍結技術　5
統合原理　20
等身大　11
透析平衡　130, 131, 137, 138
　　——定数　140, 149
動的骨組構造　12, 13
特異構造　68
特異的結合　135
特異的相互作用　41
ドーム　13, 20-22
ドメイン　73, 79, 80
トランス型　75
トリスケリオン　48-51
トリプシン阻害タンパク質　92, 94
トロポニン　79

ナ　行

内部座標　75, 76, 87, 88
永山　83, 182

ナトリウムチャネル　151, 152, 154
二次元結晶　41, 63, 64
二次構造　72, 76, 77, 85, 88
二重らせん　74
二状態転移　111, 136, 146
二状態モデル　118, 146
二段階酵素反応　163
二面角　75
　　——座標　75
入出力関係　29
尿素　117, 125, 156, 157, 167
ヌクレオソーム　41
ネクローシス　27
熱変性　106, 110
熱力学サイクル　115, 116, 119, 163
熱力学的選択　52, 68, 70
熱力学的測定　112
熱力学的平衡　83, 97
熱力学の第一法則　68, 97
熱力学の第二法則　68, 97, 172, 174, 195
熱力学量　93, 97, 104-105, 107-108, 111-114, 119-122, 130, 132
粘性　154, 157
　　——依存　154

ハ　行

配置等価性　50-52
A. ハクスレイ　179, 184
H. ハクスレイ　179
ハクスレイ-シモンズモデル　179
バクテリオロドプシン　63
パッキング　79, 80
バックミンスター・フラー　22
パッチクランプ　151
ハミルトンの最小作用の原理　1
パラダイムシフト　24
パルブアルブミン　79
パワーストローク　184
反吸着性　150
半透膜　130, 137
反応制御　26
反応速度　157, 161
反応中間体　154, 155, 157, 162, 164, 172
反応特異性　161
反応律速　162
ピエゾ効果　187
非活性状態　140
非拮抗型　165
非共有結合力　84
肥後　94
非酵素反応　162, 164
微小管　18, 19, 25, 26, 32
非調和性　114
比熱　94, 104-107, 109
　　——の異常　106
被覆小胞体　21, 45, 46, 50, 51, 63, 65
微分方程式　91
非平衡状態　141, 142, 161, 170
非平衡性　6, 9, 142, 169
非平衡度　102, 142, 171
非平衡論　100
比容　112, 113
標準自由エネルギー　61, 62, 99-103, 111, 114, 126, 135, 137, 143, 155, 158, 162, 163, 165, 169, 173
標準状態　99
標準反応エネルギー　99
表面張力　22, 58, 194
フィブロネクチン　29, 30
フィラメント　179
不活性状態　136, 152
不拮抗型　165
複合酵素　168, 169
複雑さ　7
複雑な構造　68
物性量　83, 93
　　——予測　89
物理的吸着　191
負の結合　127, 138, 150
部分モル自由エネルギー　103, 169-171, 181-183
普遍性　4
ブラッグ　71
フラー・ドグマ　2-4, 11, 16, 20, 24, 41, 52

フラボドキシン　79
フラーレン　22, 43
ブロッカー　152
プロテオリポソーム　62, 63
プロテノイド　70, 71
分化細胞　19
分光学的測定　109, 111
分枝円柱　12-15
分子間力　11, 58, 83, 194
分子機械　iii, 11, 178
分子動力学　89-92
分子内ポテンシャル　84, 86-91, 93, 94
分節化　4
分布関数　63
平衡　5, 83, 84
　——条件　61, 99, 100
　——状態　60, 87, 98-101, 141, 170
　——定数　61, 99, 103, 104, 130, 137, 138, 154, 155, 166, 168, 172, 182
平行 β シート　76, 77, 79
平衡論　98
閉状態　136, 143, 157
並進対称性　37, 39
ベシクル　54, 56, 57, 59
ペプチド結合　75, 78, 156
ヘモグロビン　71, 80, 136, 142-148
ヘリックス　72, 76, 79, 93, 109, 117
　——-コイル転移　89, 92
ペルツ　71
変性　68, 83, 89, 90, 92, 95, 106-112, 115, 125, 135, 154, 157
　——エネルギー　107, 116, 121, 125
　——エンタルピー　107
　——エントロピー　107
　——剤　108, 115, 117, 118, 125-128, 130, 135, 148, 150, 152, 153, 156, 157, 166, 167
　——自由エネルギー　120, 125, 141
　——状態　106-111, 114-117, 126, 128, 136, 150
　——速度　154, 157
　——中点　108, 111, 120, 121, 137
　——の自由エネルギー変化　107, 114, 116, 117, 127
変分原理　1, 2, 6, 70, 101, 102
ボーア効果　150
飽和曲線　145
飽和値　158
保存則　1
保存量　95
保存力　91, 162
ポリオール　117, 138, 154
ポリグルタミンの会合体　32
ボルツマン定数　98, 174
ホルモン　74, 143
翻訳　68

マ 行

マイクロパターン　31
まき戻り　92, 94
膜系　24, 53, 54
膜構造の普遍性　5
マクスウェルの魔物　179, 188-190
膜電位　150, 151
曲げ弾性　59, 62
　——率　59, 63-65
マルトース　167
ミオグロビン　71, 80, 109, 154
ミオシン　143, 167, 179-192
水生成の反応エネルギー　100
ミセル　54-57
三井モデル　184, 186, 189, 190
三井理論　184, 187
ミトコンドリア　5, 41
モチーフ　72, 73, 78, 79
モデル選択　157
モノー　146
モルテングロビュール　117, 118

ヤ 行

薬理作用　135, 137, 141
柳田　184, 192
歪みのエネルギー　46, 49
ゆで卵　69
ゆらぎ　93, 94

溶解度　121, 129, 130, 132
要素還元　112, 121
　——アプローチ　114, 118
要素の単純和　114
葉緑体　41
四次構造　73, 79-81

ラ行，ワ

らせん対称性　39
ラマチャンドラン・プロット　88
ラメラ　54
卵黄レシチン　60
ラングミュア　145
ランダムコイル　89, 92, 117, 118
リガンド　29, 33, 34, 71, 80, 137-141, 143, 148, 150
　——結合　135-137, 139, 140, 144, 145, 152, 194
力学エネルギー　32, 83, 179, 182
力学-化学信号変換　32
力学系　12, 19, 22
力学信号　v, 31, 32
力学的支持系　11-13
力学的平衡　97
力学ポテンシャル　83, 84
リゾチーム　121, 122, 129, 156
立体幾何学的　50
立体構造予測　87
リボザイム　164
リボソーム　41, 124
硫酸アンモニウム（硫安）　127, 139
硫酸マグネシウム　129, 156, 157
両親媒性物質　54
臨界充てんパラメータ　54-57
リン酸化酵素　161
励起アクチン　187
励起ミオシン　187-189, 191
レシチン　57, 59
6角面数　43
露出度　115, 117, 118, 120, 128, 150, 155-158, 167
ワイマン　146

＊　＊　＊

3_{10} ヘリックス　76, 78
AM　179-183, 189, 190
AMADP　179-183, 186
AMADPPi　181, 183, 189
AMATP　185
ATP　32, 101-103, 142, 169-171, 179, 180
　——共役　169-171, 190, 192
　——共役反応　164, 167, 169, 170, 172, 191
　——結合サイト　189, 190
　——分解　167, 172, 181-185, 187, 188, 190, 191
　——分解経路　183
　——分解酵素　161
bR小胞体　63-65
Ca^{2+} イオン　57
CD　109, 110, 159
chain項　119, 121-123
D型アミノ酸　73
DNAの断片化　27-29
DNA配列　81, 82, 87
EFハンド　79
ES複合体形成　162, 164
Fas　27
Gibbsの自由エネルギー　83
GTP　165
IP_3　33, 34, 143
L型アミノ酸　73, 76
Michaelis-Menten反応　162
N量体　60, 61
NDP　169
NMR　71, 82, 109, 110, 159
NTP共役　169
Ooi & Oobatake モデル　119
R状態　137, 143, 146, 149, 150
SDS　57
T状態　137, 143, 146, 149, 150
T_3 ファージ　43
T_7 ファージ　43
X線結晶解析　71, 82, 88, 150

α ヘアピン　79
α ヘリックス　76-80, 87, 88, 92, 117
α/β ドメイン　79
β 構造　72, 76, 77, 79, 87, 88, 109
β ターン　78
β バレル　79
β ヘアピン　79
β-ラクトグロブリン　127, 129
λ ファージ　43
π ヘリックス　76
ϕ ファージ　43

図表出典一覧

図 2.4 J. W. Wainwright, *Axis and Circumference*, Harvard University Press (1988); 邦訳, 本川達雄訳『生物の形とバイオメカニクス』東海大学出版会 (1989) (図 5.10, A, B, C).

図 2.5 D. E. Ingber, "The Architecture of Life", *Scientific American* (1998) Jan. (p. 30 の図); 邦訳,『日経サイエンス』(1998) 4 月号 (p. 22 の図).

図 2.7 『生命科学資料集』東京大学出版会 (1997) p. 108.

図 2.10 C. S. Chen et al., "Geometric Control of Life and Death", *Science* **246** (1997) 1425-1428 (Fig. 2 & 3).

図 2.11 曽我部正博氏 (名古屋大学) 提供.

図 3.3 『生命科学資料集』東京大学出版会 (1997) p. 109.

図 3.4 a) *Scientific American* (1963) Jan. (p. 52 a).
b) D. L. Casper and A. Klug, Cold Spring Harbor Symposium on *Quantitative Biology* **27** (1962) 1-24 (Fig. 9 a).
c) *Scientific American* (1963) Jan. (p. 51 e).

図 3.7 a) B. Alberts et al., *Molecular Biology of the Cell* (3rd edition), Garland (1994) (Fig. 13-49).
b) H. Lodish et al., *Molecular Cell Biology*, Scientific Ameriban Book (1995) (Fig. 16-38(a)).

図 3.9 I. Katsura, "Theory on the Structure and Stability of Coated Vesicles", *Journal of Theoretical Biology* **103** (1983) 63-75 (Table 2, Fig. 3).

図 3.10 I. Katsura, "Theory on the Structure and Stability of Coated Vesicles", *Journal of Theoretical Biology* **103** (1983) 63-75 (Fig. 4).

図 3.11 a) b) H. Lodish et al., *Molecular Cell Biology*, Scientific American Book (1995) (Fig. 16-38 (c), (d)).

コラム② 『生命科学資料集』東京大学出版会 (1997) p. 97.

図 3.12 『生命科学資料集』東京大学出版会 (1997) p. 98.

図 3.13 J. N. Israelachvili, *Intermolecular and Surface Force*, Academic Press (1992); 邦訳, 近藤保・大島広行訳『分子間力と表面力』(第 2 版) 朝倉書店 (1996) (表 17.2).

図 3.15 H. Lodish et al., *Molecular Cell Biology*, Scientific American Book (1995) (ch. 14 扉, p. 595).

図 3.18 N. D. Denkov, H. Yoshimura, T. Kouyama, J. Walz and K. Nagayama, "Electron Cryomicroscopy of Bacteriorhodopsin Vesicles: Mechanism of Vesicle Formation", *Biophysical Journal* **74** (1998) 1409-1420 (Fig. 4).

図 4.2 *Nature* **376** (1995) p. 19 の写真.

図 4.4 C. Branden and J. Tooze, *Introduction to Protein Structure*, Garland (1991) (Fig. 1-1).

図 4.5 『生命科学資料集』東京大学出版会 (1997) p. 16.

図 4.7 『生命科学資料集』東京大学出版会 (1997) p. 18.

図4.16 a) F. A. Momany *et al.*, "Energy Parameters in Polypeptides Ⅶ" *Journal of Physical Chemistry* **79** (1975) 2361-2380 (Fig. 11 (B)).
b) 油谷克英・中村春木『蛋白質工学』朝倉書店 (1991) (図1.21).

図4.17 日本生物物理学会編『生命科学の基礎5——生体分子系を測る』学会出版センター (1986) (図8-1).

図4.18 M. Takano, T. Yamato, J. Higo, A. Suyama and K. Nagayama, "Moleculer Dynamics of a 15-Residue Poly (L-Alanine) in Water: Helix Formation and Energetics", *Journal of American Chemical Society* **121** (1999) 605-612 (Fig. 4).

図4.19 肥後順一氏（生物分子工学研究所）提供.

図5.2 田井慎吾『水のエントロピー学』海鳴社 (1985) (図3).

図5.5 Y. V. Griko, P. L. Privalov and S. Y. Venyaminov, "Thermodynamic Study of the Apomyoglobin Structure", *Journal of Molecular Biology* **202** (1988) 127-138 (Fig. 4).

図5.12 M. Oobatake and T. Ooi, "Hydration and Heat Stability Effects on Protein Unfolding", *Progress in Biophysics and Molecular Biology* **59** (1992) 237-284 (Fig. 9).

図6.1 M. F. Colombo, D. C. Rau and V. A. Parsegian, "Protein Solvation in Allosteric Regulation: A Water Effect on Haemoglobin", *Science* **256** (1992) 655-659 (Fig. 1).

図6.14 a) C. Tanford, "Protein Denaturation", *Advanced in Protein Chemistry* **24** (1970) 1-95 (Fig. 13).
b) 今野卓氏（生理学研究所）提供.

図6.18 石渡信一編『ニューバイオフィジックス：生体分子モーターの仕組み』共立出版 (1998) (p.6 コラム図A).

図6.19 A. F. Huxley, "Biological Motors: Energy Storage in Myosin Molecules", *Current Biology* **8** (1998) R 485-R 488 (Fig. 1).

図6.22 石渡信一編『ニューバイオフィジックス：生体分子モーターの仕組み』共立出版 (1998) (第4章4-2 (柳田敏雄) 図6(b)).

表5.4 浜口浩三『蛋白質機能の分子論』学会出版センター (1976) p.177 (表4-12).

表6.2 大西正建氏（京都大学）提供.

著者略歴

1945 年	群馬県に生まれる
1968 年	東京大学理学部物理学科卒業
1973 年	東京大学理学系大学院博士課程修了
同　年	東京大学理学部物理学科助手
1976 年	チューリッヒ工科大学生物物理研究所博士研究員
1983 年	日本電子㈱生体計測学研究室室長
1990 年	新技術事業団永山たん白集積プロジェクト総括責任者
1993 年	東京大学教養学部教授
現　在	岡崎国立共同研究機構生理学研究所教授

主要著書

"Protein Array: An Alternative Biomolecular System", *Adv. Biophys.* **34**, Japan Scientific Societies Press, 1997

『エルンスト2次元NMR』（共訳，1991 年，吉岡書店）
『自己集積の自然と科学』（1997 年，丸善）

生命と物質——生物物理学入門

1999 年 3 月 25 日　初版

［検印廃止］

著　者　永山國昭（ながやまくにあき）

発行所　財団法人　東京大学出版会

代表者　西尾　勝
〒113-8654　東京都文京区本郷 7-3-1 東大構内
電話 03-3811-8814　Fax 03-3812-6958
振替 00160-6-59964

印刷所　株式会社三秀舎
製本所　誠製本株式会社

© 1999 Kuniaki Nagayama
ISBN 4-13-062153-X Printed in Japan

Ⓡ〈日本複写権センター委託出版物〉
本書の全部または一部を無断で複写複製（コピー）することは，著作権法上での例外を除き，禁じられています．本書からの複写を希望される場合は，日本複写権センター(03-3401-2382)にご連絡ください．

本書はデジタル印刷機を採用しており，品質の経年変化についての充分なデータはありません．そのため高湿下で強い圧力を加えた場合など，色材の癒着・剥落・磨耗等の品質変化の可能性もあります．

生命と物質──生物物理学入門

2020年3月19日　　発行　④

著　者　　永山國昭

発行所　　一般財団法人　東京大学出版会
　　　　　代　表　者　吉見俊哉
　　　　　〒153-0041
　　　　　東京都目黒区駒場4-5-29
　　　　　TEL03-6407-1069　FAX03-6407-1991
　　　　　URL　http://www.utp.or.jp/
印刷・製本　大日本印刷株式会社
　　　　　URL　http://www.dnp.co.jp/

ISBN978-4-13-009084-1
Printed in Japan
本書の無断複製複写（コピー）は，特定の場合を除き，
著作者・出版社の権利侵害になります．

正誤表

頁	誤	正
46	図3.8の$(V_0, g_1^0)(V_0, g_2^0)(V_0, g_3^0)$	$(V_1, g_1^0)(V_2, g_2^0)(V_3, g_3^0)$
62	$\begin{aligned}&= \mu_{R_0}{}^0 + \frac{a_0 \xi_b}{2}\left(\frac{1}{R} - \frac{1}{R_0}\right)^2 \\ &= \mu_{R_0}{}^0 + \frac{a_0 \xi_b}{2R^2}\left(1 - \frac{1}{R_0}\right)^2 \\ &= \mu_{R_0}{}^0 + \frac{2\pi \xi_b}{N}\left(1 - \frac{R}{R_0}\right)^2\end{aligned}$	$\begin{aligned}&= \mu_{R_0}{}^0 + \frac{a_0 \xi_b}{2}\left(\frac{1}{R} - \frac{1}{R_0}\right)^2 \\ &= \mu_{R_0}{}^0 + \frac{a_0 \xi_b}{2R^2}\left(1 - \frac{R}{R_0}\right)^2 \\ &= \mu_{R_0}{}^0 + \frac{2\pi \xi_b}{N}\left(1 - \frac{R}{R_0}\right)^2\end{aligned}$ (1→R)
62	$\begin{aligned}C(R) &= \left[C(R_0)\exp\left(-\frac{M}{N}\cdot\frac{2\pi\xi_b}{kT}\left\{1-\left(\frac{R}{R_0}\right)^2\right\}\right)^{\frac{N}{M}}\right] \\ &= \left[C(R_0)\exp\left\{-\frac{2\pi\xi_b}{kT}\right\}\right]^{\frac{R^2}{R_0^2}} \quad (3.26)\end{aligned}$	$C(R) = \left[C(R_0)\exp\left(-\frac{M}{N}\cdot\frac{2\pi\xi_b}{kT}\left\{1-\left(\frac{R}{R_0}\right)^2\right\}\right)^{\frac{N}{M}}\right]$ 挿入: $\frac{M}{N}$ （—の後に挿入）, $\left(1-\frac{R}{R_0}\right)^2$ （{ }の後に挿入）
63	$C(R) = C(R_0)\exp\left[-\frac{2\pi\xi_b}{kT}\left\{\left(1-\frac{R_0}{R}\right)^2\right\}\right] \quad (3.27)$	$C(R) = C(R_0)\exp\left[-\frac{2\pi\xi_b}{kT}\left\{\left(1-\frac{R_0}{R}\right)^2\right\}\right] \quad (3.27)$ （0 下付き）
63	$\frac{R^2 dR}{} = \frac{kT}{4\pi\xi_b} \quad (3.28)$	$\frac{R^2 dR}{R_0} \cong \frac{kT}{4\pi\xi_b} \quad (3.28)$
64	$k_b = 0.02 - 0.02 \times 10^{-19}$ J (3.31)	$k_b = (0.02 - 0.2) \times 10^{-19}$ J (3.31)
74	$\text{NH}_3 - \overset{R_i}{\underset{H}{C_a}} - \text{COOH}$	$\text{NH}_3 - \overset{R_2}{\underset{H}{C_a}} - \text{COOH}$
77	矢印方向（図4.8 β構造がつくるシート）←	→
79	c) $\beta \& \beta$	c) $\alpha \& \beta$
85	+1.2 −1.2 −0.6 +0.6	+ 5, − 5, − 2.5, + 2.5

ページ		誤	正
92 (12行)		この計算には初期値 $\{r_i(0), r_i(0)\}$ が必要であ	この計算には初期値 $\{r_i(0), \dot{r}_i(0)\}$ が必 ($\dot{}$ は r の真上)
102 (2行)		10^2 を保つ	10^2 に保つ
107		$H_D(T) = H_N(T_d) + \Delta H_d + \int_{T_d}^{T} \Delta C_p \mathrm{d}T$ $S_D(T) = S_N(T_d) + \dfrac{\Delta H_d}{T_d} + \int_{T_d}^{T} \dfrac{\Delta C_p}{T} \mathrm{d}T$	$H_D(T) = H_N(T_d) + \Delta H_d + \int_{T_d}^{T} \Delta C_D \mathrm{d}T$ $S_D(T) = S_N(T_d) + \dfrac{\Delta H_d}{T_d} + \int_{T_d}^{T} \dfrac{\Delta C_D}{T} \mathrm{d}T$ ($C_D(T)$)
120 (22行)		脂肪の	脂肪族以外の
120 (23行)		正	負
121 (2行)		(3.4 参照)	(4.3 参照)
126		図 5.13 b) (図: G^N(天然状態), ΔG^{DN} 下向き矢印, ΔG^N_{tr} 上向き矢印)	(同図だが ΔG^{DN} の矢印が上向き)
129 (5行)		表 5.2	表 5.5
136		図 6.1 図説明 リガンド結合に伴う・・・	リガンド(L)結合に伴う・・・
136		図 6.2 右図の縦軸目盛 -10^{-1}	10^{-1}
164 (18行)		$\Delta G(ES^{\neq})$ だけ分下げる	$\Delta G(ES^{\neq})$ 分だけ下げる
196		矢印方向 (図: 高自由エネルギー(製品、体)、ΔG_0 下向き矢印、低自由エネルギー(原料、食料)、生産)	(同図だが ΔG_0 の矢印が上向き)